地被植物的应用及养护技术

杨青菊　张红英　靳凤玲　编著

吉林科学技术出版社

图书在版编目（CIP）数据

地被植物的应用及养护技术 / 杨青菊，张红英，
靳凤玲编著 . -- 长春：吉林科学技术出版社，2019.8
　　ISBN 978-7-5578-5772-1

　　Ⅰ．①地… Ⅱ．①杨… ②张… ③靳… Ⅲ．①地被植物—
栽培技术 Ⅳ．① S688.4

　　中国版本图书馆 CIP 数据核字（2019）第 167369 号

地被植物的应用及养护技术

编　　著	杨青菊　张红英　靳凤玲
出 版 人	李　梁
责任编辑	朱　萌
封面设计	刘　华
制　　版	王　朋
开　　本	16
字　　数	270 千字
印　　张	12.25
版　　次	2019 年 8 月第 1 版
印　　次	2019 年 8 月第 1 次印刷
出　　版	吉林科学技术出版社
发　　行	吉林科学技术出版社
地　　址	长春市福祉大路 5788 号出版集团 A 座
邮　　编	130118
发行部电话 / 传真	0431—81629529　　81629530　　81629531
	81629532　　81629533　　81629534
储运部电话	0431—86059116
编辑部电话	0431—81629517
网　　址	www.jlstp.net
印　　刷	北京宝莲鸿图科技有限公司
书　　号	ISBN 978-7-5578-5772-1
定　　价	50.00 元

编 委 会

前　言

地被植物在现代园林绿化中的应用越来越受到重视，是不可缺少的景观组成部分，通常在乔木、灌木和草坪组成的自然群落之间起着承上启下的作用。改善环境地被植物可有效地降低地表温度，改善空气湿度，防止水土流失，涵养水源，减少地表径流，提高地下水位。保护环境多数地被植物枝叶细密，可以增强绿地的绿量（即提高单位绿地面积上的叶面积总数），故能通过光合作用吸收大量CO_2，放出大量O_2，起到自然净化空气的作用。许多地被植物（如大叶黄杨、桧柏、海桐等）能吸收空气中的SO_2、Cl_2、HF 等有毒气体。侧柏、黄杨、锦鸡儿、麻叶绣球、一些蔷薇属植物等不断分泌杀菌素，能有效地杀灭空气中的细菌。地被植物还具有阻滞烟尘的作用。美化环境很多地被植物具有观花、观叶、观果等多种观赏价值，大大丰富了城市绿地的色彩和季相变化。如月季、蔷薇、绣线菊、珍珠梅等开花后具有很高的观赏价值；金叶女贞、五叶地锦、南天竹等地被植物，其夜色或金黄，或紫红，有的随季节变化而变色，观赏价值甚高；而火棘、蛇葡萄、沙棘、蓝果忍冬、常春藤等地被植物的果实更是惹人喜爱。经济用途：许多地被植物还具有食用、药用、提取芳香油等多种用途。同时，由于地被植物生态习性各异其生长发育开花和休眠期也不尽相同，可以形成极为复杂的季相变化，与其他园林植物相比有特殊的优势和更为广泛的用途。

本书将通过对地被植物的概述，地被植物的应用，并简单介绍几种多年生草本地被植物和灌木地被植物。

目　录

第一章　地被植物概述

地被植物是指那些株丛密集、低矮，经简单管理即可用于代替草坪覆盖在地表、防止水土流失，能吸附尘土、净化空气、减弱噪音、消除污染并具有一定观赏和经济价值的植物。它不仅包括多年生低矮草本植物，还有一些适应性较强的低矮、匍匐型的灌木和藤本植物。所谓地被植物，是指某些有一定观赏价值，铺设于大面积裸露平地或坡地，或适于阴湿林下和林间隙地等各种环境覆盖地面的多年生草本和低矮丛生、枝叶密集或偃伏性或半蔓性的灌木以及藤本。

形态特征：

1. 三叶草

三叶草属豆科车轴草属，有白三叶、红三叶、草莓车轴草等几种。它们的共同特点是叶片为掌状三出复叶，由 3 片无柄小叶组成，聚生于叶柄的顶端。花为总状花序，花瓣为蝶形，由旗瓣、翼瓣、龙骨瓣组成，白三叶的花为白色，红三叶为暗红或紫色，草莓车轴草为白色或淡红色。白三叶喜温暖湿润气候，平均寿命为 7 ～ 8 年，株高为 10 ～ 20 厘米，适应性广，耐寒、耐霜冻、耐热、耐旱能力比红三叶强，并能耐阴湿，在土壤渍水月余和林缘的庇荫处也能生长良好。耐酸性土壤，但不适应盐碱土壤，依靠匍匐茎和种子繁殖的能力极强，覆盖效果良好。红三叶的平均寿命为 4 ～ 6 年，在夏季不过热、冬季不过寒的地区最为适宜，生长最适温度为 15℃ ～ 25℃，耐阴和耐湿性强，在年降水量 2000 毫米的高山地区，亦能良好生长，但浸淹不能超过 10 ～ 15 天。

抗旱和耐旱性中等，喜中性和微酸性土壤，适应的 pH 值范围在 4.7 ～ 9.6 之间，对红壤土和盐碱土的反应不良。草莓车轴草的最大特点是耐水淹能力强，即使被水淹 3 个月也能经受得住，比白三叶更耐潮湿、干燥或含盐量多的碱性土壤环境，但在春、夏季的生长不如白三叶旺盛。

2. 马蹄金

马蹄金为旋花科。马蹄金属多年生草本植物，具有发达的匍匐茎，叶片翠绿色，较小，呈马蹄状，花浅黄色，植株低矮，平均株高仅为 5 ～ 15 厘米。喜温暖湿润的气候条件，适应性较为广泛，竞争力和侵占性很强，有一定的耐践踏性。但耐寒性较弱，在长江以北地区种植时，有部分枝条可能会在冬季枯黄，冬季 0℃ ～ 8℃ 的低温下能够安全越冬，夏季可忍受高温。不仅具有较好的抗寒性和极好的耐热性，而且耐阴性也很强。在整个生长季内基本上不需要太多的修剪，但是，如果能够进行适当的修剪，效果会更好。

3. 麦冬

麦冬为百合科沿阶草属多年生常绿草本植物。根部顶端或中部膨大成纺锤形肉质小块根，根茎细长。叶片丛生于基部，长 10 ～ 30 厘米。花期 5 ～ 9 月，花为总状花序，小花淡紫色，果实为蓝色。麦冬四季常绿，适应性广，抗逆性强，种源丰富，易于繁殖。耐阴性强，尤其是在阴湿处生长时，叶片更有光泽，观赏价值更高。此外，其块根为常用中药，有滋养功效，所以是一种既具有生态价值，又有经济价值的优良地被植物。

第一节　地被植物简介

一、地被植物的概念

（一）地被植物

传统的地被植物（Ground cover）的概念是：凡能覆盖地面的植物均称地被植物，除草本外，木本植物中之矮小丛木、偃伏性或半蔓性的灌木以及藤本均可能作园林地被植物用（陈有民，1988）。秦魁杰（1990）认为，地被植物一般指低矮的植物群体，它能覆盖地面，不仅有草本和蕨类植物，也包括小灌木和藤本。有些植物在攀缘或缠绕他物生长后，其茎（蔓）叶内贴近附着物，对附着物起保护作用，以形成美丽的景观，园艺工作者也将其归为地被植物一类（刘建秀等，2001）。赵锡惟（2000）对地被植物的生长特性补充了"低矮、枝叶密集、成片栽植、具有较强扩展能力、能迅速覆盖地面"，也具体了使用方式"既用于大面积裸露平地或坡地，也可用于林下空地"。在这些定义中，均使用"低矮"一词。低矮是一个模糊的概念，因此，又有学者将地被植物的高度标准定为 1m，并认为，有些植物在自然生长条件下，植株高度超过 1m，但是，它们具有耐修剪或苗期生长缓慢的特点，通过人为干预，可以将高度控制在 1m 以下；美国的 David S.MacKenzie（1997）则将高度标定为"from less than an inch to about 4 feet"，即从 2.5cm ～ 1.2m。地被植物主要种植形式是覆盖地表，植株的高度将直接影响到其覆盖效果。如诺曼在《风景园林设计—要素》中，认为地被植物指的是所有低矮、爬蔓的植物，其高度不超过 15 ～ 30cm。可以作为室外空间的植物性"地毯"或铺地，在设计中可以暗示空间边缘。还有人认为，"地被是指一群可以将地表覆盖，使泥土不致裸露的植物，一般泛指株高 60cm 以下的植物"（蔡福贵，1993）。可以看出现在对于地被概念的确还存在着许多争议，2004 年沈阳农业大学森林培育专业的李科在《地被植物在景观设计中的应用研究》中对地被的概念解释为"地面覆盖物"，其高度限制更加模糊，分为地面地被植物、膝高地被植物、腰高地被植物、眼高地被植物和超过眼高地被植物，其中眼高地被植物包括中型到大型灌木，超过眼高地被植物包括大型灌木和小型乔木，例如鸡爪槭即被作者划分在地被的范畴。这样没有高度限制的地被概念范畴使得地被范围扩展到了小乔木，这样是极不准确的。因此认为园林地被植物是指用于覆盖地面、防止水土流失、能吸附尘土、净化空气、减弱噪音、消除污染并具有一定观赏和经济价值的覆盖在地表面，自然高度或修剪高度低于50cm的矮生草本植物、茎叶密集的矮生灌木、竹类及蔓生藤本植物。

（二）容易与地被植物混淆的概念

1. 地被植物与草坪

草坪与地被植物同属于地面覆盖植物范围，实际上草坪是地被植物的一大类型，由于草坪很久以前就为人类广泛应用，长期实践中已经形成一个独立的体系，而且它的生产与养护管理也与其他地被植物不同。地被植物是对除了草坪植物以外的其他地面覆盖植物而言。它是最近才被人们重视的，为了便于在应用上区别，迄今为止，不论在生产上还是学术活动上，大家都习惯沿用这两个不同的词句（胡中华，1994）。

2. 地被植物与乔灌木

地被植物首先是成片种植具有较强的扩展能力，在自然生长状态下能够形成覆盖地面的效果。在园林绿化中常将不能自行分蘖的小灌木高度密植，并且加以修剪使之形成覆盖地面的色块或隔离带，这与地被植物的应用是有区别的。当乔灌木在自然生长或人工修剪高度限定在50cm左右时可以作为地被，而自然生长的乔灌木往往高于1米，此时不属于地被植物的范畴。乔灌木中的很多扦插苗如金叶小叶榕、白蝴蝶、杜鹃、百里香、红背桂等都能用作地被。

3. 地被植物与花境材料

花境是一种以宿根草本、一二年生草本植物，花灌木为主的自然式花卉布置形式。地被植物中的大部分种类都是形成花境的优良材料，地被植物中的低矮种，如球宿根花卉在营造花境的立面层次及季相变化上均具有无可比拟的优越性，还可以减少人工养护的费用。

4. 地被植物与藤本植物

藤本植物植株细长，不能直立，只能依附于别的植物或支持物，缠绕或攀缘向上生长。藤本依茎质地的不同，又可分为木质藤本（如葡萄、紫藤等）与草质藤本（如牵牛花、红花菜豆等）。藤本植物中的一部分可以用作地被，一般叫作藤本地被植物。近年来，人们在发展地被中，已把目光投向覆盖面积大的藤本植物，并做了一些探索性的研究，试种结果证明了大部分的藤本植物可以通过吸盘或卷须爬上墙面或缠绕攀附于树干和花架。凡是能攀缘的藤本植物一般都可以在地面横向生长覆盖地面。而且藤本植物枝蔓长覆盖面积要超过一般矮生灌木好几倍，这是其他地被植物所没有的优势。

5．地被植物与观赏草

观赏草不仅包括禾本科中的草坪草、禾谷类植物，还包括具有狭窄而带状叶片特征的植物，如苔草、吉祥草、麦冬、沿阶草和部分有带状叶的多年生观叶植物。它们的共同特征是华美且可以用于园林观赏，他们有的具有美丽的叶片，有的具有吸引人的花穗，他们适应性强，对土壤和管理要求不严。观赏草中植株高度低于 50cm 的种类即可属于地被植物的范畴。

二、地被植物分类

地被植物的种类很多，可以从不同的角度加以分类，一般按其生物学、生态学特征，并结合应用价值进行分类。

（一）按生物学特性分类

1．草本类地被植物

应用最广泛的地被植物，尤以一二年生草本和多年生宿根、球根花卉居多，其管理粗放，对阴湿环境的适应能力较其他生活型的地被植物要强。在地被植物中草本地被植物占有重要地位，是主要的观花、观叶类群。

（1）一、二年生草本地被植物

一、二年生草花是鲜花类群中最富有的家族，适宜于阳光充足的地方，是地被植物组合中不可或缺的部分。一年生草本地被植物，即播种当年，经萌芽生长、花芽分化、开花、种子成熟至枯死，整个生命周期在当年完成的草本地被植物，如百日草（Zinnia elegans.）、鸡冠花（Celosia cristata Linn.）、孔雀草（Tagetes patula Linn.）；二年生草本地被植物，即播种当年只生长营养器官，翌年后开化、结果、死亡，在两个生长季节内完成生活史的草本地被植物，如锦葵（Malva crispa Linn）、月见草（Primula vulgaris）、香雪球（Gobularia maritima（Line）Desvaux）等。该类地被植物在现代城市园林中应用较多，其花开鲜艳、覆盖性强，大片群植形成大的色块，能渲染出热烈的节日气氛，也可混合栽植造型以规划园林景观。

（2）多年生宿根、球根类草本地被植物

多年生草本植物是指个体寿命均超过 2 年，能多次开花结果的草本地被植物。在地被植物中占有重要的地位，其生长低矮、宿根性、蔓生性强，管理粗放，开花见效快，色彩万紫千红，形态优雅多姿。常见的多年生草本地被植物有麦冬（Ophiopogon japonicas（Linn.f.）Ker-Gawl.）、吉祥草（Reineckes carnea）、石蒜（Lycoris sprengeri Comes ex Baker）、葱兰（Zephyranthes candida Lindl.Herrb.）、韭兰（Zephyranthes grandiflora.）、玉簪（Hostaplanlagznea）、唐葛蒲（Gladiolus hybridus.）、美人蕉（Canna indica Linn.）、红花酢浆草（Oxalis rubra）、鸢尾（Iris tectorum Maxim.）、萱草（Hemerocallis fulva）等。

2. 木本类地被植物

即指直立性木本地被植物，有矮生灌木类和矮竹类。

（1）矮生灌木类地被植物

矮生灌木在地被植物中是一个很大的类群，其植株低矮、分枝众多且枝叶平展、茎枝较为粗硬、易于修剪造型、且枝叶的形状与色彩也富有变化，覆盖效果好，片植可形成整齐划一的铺地效果，而成为造园过程中增加林地层次、丰富园林景观的主要植物材料。尤其，矮生灌木作为地被有其他地被植物所不及的优点，其生长期长，不用年年更新，管理也比草本植物粗放，移植、调整方便，形成群落比较稳定，可用来界定空间或植于道路两旁做地被，防止路人随便地跨越。常见的有阔叶十大功劳（Mahonia bealei（Fort.）Carr.）、小叶女贞（Ligustrum quihoui.）、金叶女贞（Ligustrum Vicaryi.）、紫叶小檗（Berberisthunbergii cv.Atropur.）、八角金盘（Fatsia japonica.）、月季（Rosa hvbrida）、铺地柏（juniperus procumbens.）等。

（2）矮生竹类地被植物

在千姿百态的竹类资源中，部分生长低矮、秆密丛生，竹叶小型、养护管理粗放的竹类在园林绿地中也常作为地被植物，因其特殊形态和风韵形成了独特的园林景观，多应用于绿地假山园、岩石园中。如箬竹（Indocalamus latifolius），其根状茎匍匐生长、叶大、耐荫；倭竹（Shibataeachinensis），枝叶细长、生长低矮，用于作地被配置，别有一番风味；花叶芦竹（Arundo donax var versicolor），枝条细长叶色美丽，作地被使用可以与各种园林要素配置。其他可用于作地被的矮生竹类还有菲白竹（Sasa fortunei）、鹅毛竹（Shibataea chinensis）、凤尾竹（Bambusamultiplex var.）等。

3. 藤蔓类地被植物（藤本及攀缘）

蔓藤类植物具有蔓生性、攀缘性及耐阴性强等特点，由于其枝蔓很长，覆盖面积能超过一般矮生灌木几倍，具有其他地被植物所没有的优势，加之附着力强，能很好地防止水土流失，且无须专门管理，是公路、立交桥体、围栏、墙体、河岸的良好护坡绿化地被植物。大部分藤本地被植物可以通过吸盘或卷须爬上墙面或缠绕攀附于树干、花架，用于垂直绿化；而凡是能攀缘的藤本植物一般都可以在地面横向生长覆盖地面，用于地表绿化，即可作为地被植物使用。现有的藤本植物可以分为木本和草本两大类，草本藤蔓枝条纤细柔软，由它们组成的地被细腻漂亮，如铁线莲（Clemats florida.）、细叶茑萝（Ipomoea quamoclit.）等，木本藤蔓枝条粗壮，但绝大部分都具有匍匐性，可以组成厚厚的地被层，如常春藤（Hedera helix）、爬山虎（parthenoissus tricuspidata）、金银花（Lonicera japonica Thunb.）、油麻藤（Mucuna sempervirens）、九重葛（Bougainvillea spectabilis.）、络石（Trachelospermum jasminoides）等。

4. 蕨类地被植物

蕨类植物在我国分布广泛，喜温暖湿润环境，适合于林下种植。在草坪植物、阳性乔灌木不能良好生长的阴湿环境里，蕨类植物则是优良的耐荫地被植物材料，具有很好的发展前景。常用的蕨类植物有：铁线蕨（Adiantum capillus-veneris.）、肾蕨（Nephrol epis auri cul a ta.）、海金沙（LyBodium japonicum（Thunb.）Sw.）、凤尾蕨（Pteris multifida Poir.）、贯众（Dryopteris crasser hizoma Nakai）等。

（二）按生态学特性分类

1. 阳性地被植物

该类植物喜阳光，花色艳丽，可配置成规则式或耐人工修剪如大色块模纹花坛。适宜于在全日照空旷的平地或坡地上生长，在半荫处茎秆细弱，节间伸长，开花减少，生长不良，在完全避荫处种植，则会自然死亡。常见种类有：绣线菊（Neillia thrysiflora D.Don）、鸡冠花（Celosia cristata L.）、孔雀草（Tagetes patula Linn.）、凤仙花（Impatiens balsamina.）、金盏菊（Calendula officinalis.）、矮牵牛（Petunia hybrida）等。

2. 阴性地被植物

该类植物对环境要求较高，适宜于建筑物密集的阴影处，或郁闭度较高的树丛或林下生长。在日照不足的阴处才能正常生长，在全日照条件下，反而会叶色发黄，甚至叶的先端出现焦枯等不良现象。常见种类有：桃叶珊瑚（Aucuba Thunb.）、虎耳草（Saxifraga stolonifera）、八角金盘（Fatsia japonica.）、吉祥草（Reineckea carnea）等。

3. 半阴性地被植物

该类地被植物喜欢阳光充足，但也有不同程度的耐阴能力，在全日照条件下及浓荫处均生长欠佳，一般用于稀疏的林下或林缘处。如薜荔（Ficus pumilaL.）、石蒜（Lycoris radiate）、天门冬（（Asparagus plumosus）、杜鹃（Rhododendron simsi Planch）等。

4. 耐旱地被植物

该类植物主要生长在干旱的坡顶和坡地，主要目的是保持水土和绿化，主要种类有：爬山虎（parthenocissus tricuspidata）、半支莲（Rosmarinus of ficinalis cv.）、马齿苋（Portulacaoleracea Linn）、石竹（Dianthus chinensis）、匍匐金丝桃（Hypericum monogynum Linn.）、宿根福禄考（Phlox paniculata）等。

5. 耐水湿地被植物

该类植物对湿地、水塘、沼泽环境比较适应，有较好的覆盖能力和观赏特性，主要种类有：慈姑（Sagittaria sagittifolia）、千屈菜（Lythrun salicaria）、莺尾（Iris tectorum Maxim.）、石菖蒲（Acorus tatarinowii Schott）、凤眼莲（Eichhornia crasipes.）、旱伞草（Cyperus alternifolius）等。

6．耐盐碱地被植物

可在盐碱土壤中正常生长，如多花筋骨草（Ajuga multiflora Bunge.）、金叶过路黄（Lysimachia nummularia 'Aurea'）等。

（三）按观赏特点分类

1．常绿地被植物

四季常青的地被植物，可达到终年覆盖地面的效果，如麦冬、吉祥草、葱兰、常春藤等。这类植物没有明显的休眠期，一般在春季交替换叶。

图1-1-1　常绿地被（沿阶草）

Often green space by（dwarf lilyturf）

沿阶草长势强健，耐阴性强，植株低矮，根系发达，覆盖效果较快，是良好的地被植物，可成片栽于风景区的阴湿空地和水边湖畔做地被植物。叶色终年常绿，花亭直挺，花色淡雅，清香宜人，是良好的盆栽观叶植物。沿阶草全株入药，味甘，可治疗伤筋心烦，食欲不振、咯血等。

图1-1-2　常绿地被（常春藤）

Often green space by（ivy）

常春藤别称土鼓藤、钻天风、三角风、爬墙虎、散骨风、枫荷梨藤、洋常春藤。可以净化室内空气、吸收由家具及装修散发出的苯、甲醛等有害气体，为人体健康带来极大的好处。常春藤是一种颇为流行的室内大型盆栽花木，尤其在较宽阔的客厅、书房、起居室内摆放，格调高雅、质朴，并带有南国情调。是一种株形优美、规整、世界著名的新一代室内观叶植物。

2. 观叶类地被植物

观叶地被植物多是有特殊的叶色与叶姿，单株或群体均可供人欣赏。

如紫色鸭趾草（Commelina communis L.）、变叶木（Codiaeum variegatum var. pictum.）、紫叶小檗、红花继木（Loropetalum chinense var.rubrum）等。

图1-1-3　观叶地被（花叶冷水花）
View leaf by（floral leaf cold water splash）

花叶冷水花（学名：Pilea cadierei Gagnep.），多年生草本；无毛，具匍匐根茎。茎肉质，高 15 ~ 40 厘米。叶多汁，干时变纸质，倒卵形，先端骤凸，基部楔形或钝圆，上面深绿色，下面淡绿色，钟乳体梭形，两面明显；叶柄长 0.7 ~ 1.5 厘米；托叶淡绿色，干时变棕色，早落。花雌雄异株；雄花序头状，团伞花簇径 6 ~ 10 毫米；苞片外层的扁圆形，内层的圆卵形，稍小。雄花倒梨形，梗长 2 ~ 3 毫米；花被片 4，合生至中部，近兜状；雄蕊 4；退化雌蕊圆锥形，不明显。长约 1 毫米；花被片近等长，略短于子房。花期 9 ~ 11 月。

图1-1-4 观叶地被（变叶木）

The view leaf（is changed Ye Mu）

变叶木（学名：Codiaeum variegatum（L.）A.Juss.）大戟科灌木或小乔木，高可达2米。枝条无毛。叶薄革质，形状大小变异很大。基部楔形、两面无毛，绿色、淡绿色、紫红色、紫红与黄色相间、绿色叶片上散生黄色或金黄色斑点或斑纹；叶柄长0.2～2.5厘米。总状花序腋生，雄花白色；花梗纤细；雌花淡黄色，无花瓣；花盘环状，花往外弯；花梗稍粗。蒴果近球形，无毛；种子长约6毫米。花期9～10月。

原产于亚洲马来半岛至大洋洲；现广泛栽培于热带地区。中国南部各省区常见栽培。该种是热带、亚热带地区常见的庭园或公园观叶植物；易扦插繁殖，园艺品种多。

3. 观花类地被植物

花期长，花色艳丽，在开花期，能以花色、花姿取胜的低矮植物。如虞美人（Papaver rhoeas）、玉簪（Hosta plantaginea.）、郁金香（Tulipa gesneriana）、菊花（Chrysanthemum morifolium Ramat.）、矮牵牛等。有些观花地被植物，可在成片的观叶地被植物中插种，如麦冬或石菖蒲观叶地被植物中，插种一些葱兰、营草、石蒜、玉簪等观花地被植物，则更能发挥地被植物的绿化效果。

图1-1-5 观花地被（矮牵牛）
View colored by（common petunia）

茄科，碧冬茄属。又称碧冬茄。多年生草本，常作一二年生栽培，高20～45厘米；茎匍地生长，被有黏质柔毛；叶质柔软，卵形，全缘，互生，上部叶对生；花单生，呈漏斗状，重瓣花球形，花白、紫或各种红色，并镶有它色边，非常美丽，花期4月至降霜；蒴果；种子细小。分布于南美洲，如今各国广为流行。

图1-1-6 观花地被（葱兰）
View colored by（onion blue）

葱莲（学名: Zephyranthes candida(Lindl.)Herb.)，又名玉帘、葱兰等，多年生草本植物，鳞茎卵形，直径约2.5厘米，具有明显的颈部，颈长2.5～5厘米。叶狭线形，肥厚，亮绿色，长20～30厘米，宽2～4毫米。

原产南美洲，现在中国各地都有种植，喜阳光充足，耐半阴，常用作花坛的镶边材料，也宜绿地丛植，最宜作林下半阴处的地被植物，或于庭院小径旁栽植。

4．观果类地被植物

多为观赏植物果的形态、色彩或果期变化等。如具有瘦果鲜红色的蛇莓（Duchesnea indica.）、火棘（Pyracantha fortuneana.）、南天竹、平枝枸子（Cotoneaster horizontalis），瘦果黑紫色的十大功劳（Mahonia fortunei）等。

图1-1-7 观果地被（南天竹）
View fruit by（nandina）

南天竹（学名：Nandina domestica）别名：南天竺，红杷子，天烛子，红枸子，钻石黄，天竹，兰竹；拉丁文名：Nandina domestica. 属毛茛目、小檗科下植物，是我国南方常见的木本花卉种类。由于其植株优美，果实鲜艳，对环境的适应性强，常常出现在园林应用中。常见栽培变种有：玉果南天竹，浆果成熟时为白色；绵丝南天竹，叶色细如丝；紫果南天竹，果实成熟时呈淡紫色；圆叶南天竹，叶圆形，且有光泽。因其形态优越清雅，也常被用以制作盆景或盆栽来装饰窗台、门厅、会场等。

图1-1-8 观果地被（平枝枸子）
View fruit by（Cotoneaster horizontalis）

平枝栒子（学名：Cotoneaster horizontalis Decne.）：为半常绿匍匐灌木，高 0.5 米以下。小枝排成两列，幼时被糙伏毛。叶片近圆形或宽椭圆形，稀倒卵形，先端急尖，基部楔形，全缘，上面无毛，下面有稀疏伏贴柔毛；叶柄被柔毛；托叶钻形，早落。花 1 ~ 2 朵顶生或腋生，近无梗，花瓣粉红色，倒卵形，先端圆钝；雄蕊约 12；子房顶端有柔毛，离生。果近球形，鲜红色。花期 5 ~ 6 月，果期 9 ~ 10 月。

生于海拔 1000 米以上的山坡、山脊灌丛中或岩缝中。分布于中国安徽、湖北、湖南、四川、贵州、云南、陕西、甘肃等省。各地常有栽培。枝密叶小，红果艳丽，适用于园林地被及制作盆景等。

5．芳香型地被植物

该类地被植物的叶片或花能够散发出一定的芳香，如铃兰（convallaria maialis）、玉簪。

（四）按园林用途划分

1．观赏型地被植物

具有较好的观赏价值，如花、叶、果等，如二月兰（Orychophragmus violaceus.）、紫堇（Corydalis incisa）、蝴蝶花（Iris japonica）等。

2．游憩型地被植物

材料具有一定的抗践踏能力，可以供游人在上面休息和游憩，如很多禾本科、莎草科的植物。

3．环保型地被植物

在抗污染方面有优秀的表现，可以大量吸附有毒气体和烟尘，如洋地黄（Digitalis purpurea.）、马齿苋等。

4．保健型地被植物

植物的枝叶能够散发出一定的挥发性物质，在杀菌、抑菌、改善人体健康方面能起良好的作用，如景天科的植物。

（五）按应用方式分类

1．整形装饰地被植物

此类植物均是萌生性强、枝叶浓密、耐修剪的低矮木本类地被，经过整形修剪后，形成一定造型的图案，具有很强的装饰性，多见于空旷地草地、花坛边缘、路径及坡地、林缘等处。园林中常采用一些花朵艳丽、色彩多样的植物，选择阳光充足的区域精心规划，采用大手笔，大色块的手法大面积栽植形成群落，着力突出这类低矮植物的群体美，以其衬托主体、烘托气氛或作边缘修饰，形成美丽的景观。常用的整形地被植物有：蚊母

（Veronica peregrina Linn.）、杜鹃、小叶女贞、紫叶小檗、金叶女贞、红花继木、六月雪等。

2. 空旷地被植物

在阳光充足的空旷地段，利用喜阳或观花、观叶的地被植物建植绿地，面积可大可小，类似草坪的应用，它既可以是面积较大的平坦地或高低起伏地，也可能是向阳的花坛、花境或喷水池及各种雕塑的周边地区。由于空旷地往往阳光充足，温度较高、空气湿度较低，因而，空旷场地栽培的地被植物要喜光向阳，具有一定的耐热性和耐旱性，并具有美丽的花朵或果实供观赏，有较长的开花期。而绝大多数一、二年生草花类和大部分宿根、球根植物以及矮生灌木类都可作为空旷地地被，如孔雀草、金盏菊、一串红（Salvia splendens.）、美女樱、三色堇、彩叶草（Coleus blumei Benth.）、蝴蝶兰、紫叶小檗、金叶女贞、杜鹃、马蹄金、（Dichondra micrantha）、白车轴草等。在园林造景时，可根据绿地功能与景观需要，适当选用不同观赏特性的植物，可以用鲜艳的草本和花卉镶嵌组合，形成绿草如茵、繁花似锦的地被景观；也可采用单一品种大面积铺植，形成空旷、大气的地被景观，给人一种壮观的视觉冲击；还可以小面积种植地被，用于点缀、衬托主体景观等。

3. 林缘、疏林地被植物

建植于树丛边缘、稀疏树丛或林下的地被植物。由于林缘及疏林下的光照变化较大，环境多荫湿，因而在林缘地带或稀疏树丛下栽培的草木地被植物要有一定荫蔽性，同时在阳光充足时也能生长良好。林缘地被可由林下衍生种植，与草地或园路相接，使乔木与之自然过渡，形成层次感强、结构紧密的复层植物群落，充分体现园林景观的自然美与完整性；而在疏林下配置耐荫地被植物和藤本植物，不仅能保持水土，形成单一优势，有效抑制杂草生长，还能拓宽景深，呈现出亚热带地区植物群落的自然风情。如沿阶草、石蒜、莺尾、萱草、葱兰、络石、紫花地丁（Viola philippica Cav.）、红花酢浆草、五叶地锦（Parthenocissus quinquefolia）、箬竹、紫萼等都是林缘、疏林群落的良好地被植物。

4. 林下地被植物

建植于郁闭的树丛、林下或建筑物背阴处的地被植物，喜欢或能忍受荫郁、潮湿的环境。因生长繁茂的高大乔、灌木，荫蔽度较高，林下大多为浓荫，半荫且湿润的环境，其他植物不易生长，而主要选择一些耐阴性好、扩张力强的地被植物，用以覆盖树下的裸露土壤，减少水土流失，并能增加植物层次，提高单位叶面积的生态效益，又可体现自然群落分层结构和植物配置的自然美。林下常用的草本地被植物有麦冬类、吉祥草、书带草（Ophiopogon japonicus，ker.）、虎耳草、玉簪、冷水花（Pilea cadierei.）、蕨类、常春藤、八角金盘、扶芳藤（Euonymus fortunei.）等。在园林造景设计中，通常采用2种或多种地被轮植、混植，使得园林四季有景。

5. 假山置石地被植物

覆盖于假山石表面或配置于山石、混凝土建筑物缝隙、边缘间的地被植物。由于土壤不肥沃，含水和营养物质少，因而应选择耐瘠薄、干旱的品种。一般常用藤本地被植物如常春藤、金银花、络石等覆盖山石表面，这样会使线条较硬的地方充满生气，体现出城市绿地的自然田园意境；而在假山置石旁则一般栽植优美的观花、观叶或者常绿地被植物如南天竹、杜鹃、麦冬等，使之点缀于山石边，能增添山石景观的诗情画意，使景色更优美。

6. 坡地和岸边地被植物

在大型绿地中有经过土方改造形成的人造坡地以及植被遭破坏的坡地，在这些坡地和岸边种植地被植物，主要可以防止水土流失和冲刷、恢复坡面植被的作用。因此，最好选择根系发达、能迅速蔓延、常绿、具有较高观赏价值的小型灌木或藤本植物，因为常绿灌木根系不会破坏护坡，反而会充分利用发达的根系保护护坡，同时又可形成四季丰富的美景，如薜荔（Ficus pumila L.）、常春藤、金银花、扶芳藤、蔓长春花（Vinca major Linn.）、十大功劳、瓜子黄杨、铺地柏、八角金盘等都是很好的护坡材料。水岸边缓坡土壤一般含水量高，且土质较松，配置地被时，通常采用观赏性强的耐水湿类植物如鸢尾、萱草、千屈菜、菖蒲类形成自然、亲水的护坡绿化。

7. 行道绿篱地被植物

应用于道路绿地或庭院、居住区及草坪边缘建植的地被植物，一般具有较强的抗逆性，如耐干旱、耐高温、抗污染等，同时具有一定的观赏性，可丰富绿地景观。在城市道路及各类绿地原路配置基础绿带时，为了达到步移景异的观赏效果，应结合园路的宽窄与周围环境的变化。选用一些与立地环境相适应、花色或叶色鲜艳的地被植物（如葱兰、红花醉浆草、孔雀草、金盏菊、石竹类、美女樱等），沿着园路的曲折走向成片群植或仅在路缘栽种，利用不同花色、花期、叶形的地被植物搭配成高低错落、色彩丰富的花境，与周围景物衔接起来，通常起到分割空间、界定区域的作用；在居住区和专用绿地中，建筑周边的绿化是重要的组成部分，用具有色彩变化的地被植物进行基础种植，可活化建筑死角，美化建筑，与建筑物的墙基和铺装地面的自然衔接，层次富于变化、色彩对比强烈、娇艳，景观效果好。通常采用50～100厘米高度的木本地被植物成片种植效果较好，如红背桂（Excoecaria cochichinensis Lour.）、假连翘（Duranta repens）、鹅掌柴（Schefflera heptaphylla.）、金丝桃（hypericum chinense L.）、南天竹（Nandina domestics Thunb.）等。

8. 立体绿化地被植物

立体绿化包括屋顶绿化、垂直绿化，主要采用一些藤蔓繁殖、生长旺盛的悬挂和蔓生植物用以覆盖建筑竖向墙体、堡坎、屋顶等，不仅有效地软化硬质景观，美化环境，而且还具有很好的降温、增湿等生态功能，并以生长快、管理粗放而被广泛运用。常用的种类有凌霄（Campsis grandiflora）、爬山虎、络石、多花蔷薇（Rosa multiflora Thunb.）、九重葛、迎春（Jasminum nudiflorum Lindl.）等。

9. 高速公路、立交桥下地被植物

除此之外，地被植物还可以应用于高速公路、立交桥下的绿化。目前，高速公路的两侧通常不做绿化，或以自然生长的草类植物为主，不仅影响环境，而且很难起到固土护坡的作用，如果栽植一些如紫花地丁、白三叶、马蹄金、过路黄等抗性好、覆盖力强的地被植物，不但可以提高观赏性，解决高速公路视觉疲劳等难题，还有保持水土、防止山体滑坡等生态经济效益。立交桥的环境条件由于车道相对集中，尾气污染严重，且桥下环境十分隐蔽，一般采用植生带快速铺草的方法，或者栽植耐荫的地被植物，例如铺地柏、八角金盘和一些蕨类等。桥墩底下的荫蔽处则种植爬山虎、五叶地锦、常春藤等藤本植物，以平面绿化与垂直绿化相结合。桥体上的绿化宜简洁淡雅，栽培土使用密度较轻的人工介质，两面布置诸如迎春、云南黄素馨（Jasminum mesnyi.）等藤蔓植物进行绿化装饰，减轻了人们在高大建筑物前的空间压迫感，而且由于绿树、花坛夹种在草坪以及绿色桥体的主景中，相互辉映，丰富了空间色彩和层次，使得整个桥体绿化地带景观更加突出。

三、地被植物的特征及功能

（一）地被植物的特征

地被植物和草坪植物一样，都可以覆盖地面，涵养水分，但地被植物有许多草坪植物所不及的特点。其种类繁多，分布极广，是介于乔灌木和草坪层次之间的一层低矮植被，可利用资源空间大，不同的叶色、花色和果色为园林绿化形式美、艺术美提供诸多选择，为园林作品增添自然美，使之更具生机和吸引力。而固有的生态适应性和繁殖能力，又使该类植物管理粗放，能快速遏制杂草的蔓延。因此，良好的地被植物一般应具备抗旱性、耐荫性等生物特性，色彩、季相景观多变等观赏特性，并具有较高的应用价值和市场发展前景。

1. 生物特性

不少地被植物本来就是一些适应性很强的乡土种类，它们经过长期的选择与进化，耐旱性、耐荫性、抗逆性、适应性强，生长速度快，对土壤、光照、温度等条件的要求不严，能适应多种不同的环境条件，并形成当地的优势种类。一般普遍表现为根系发达、叶面失水量小、耐旱性强，且具有广泛的适应性，可以在阴、阳、干、湿多种不同的环境条件下生长，且生长迅速、覆盖力强，弥补了乔木生长缓慢、下层空隙大的不足，在短时间内可以收到较好的观赏效果。通常，一般植物很难在树荫下生长，而耐阴的地被植物则可解决树下地面覆盖问题，作立体栽植、提高生态效益，如络石、常春藤、扶芳藤等极耐阴，都可在浓荫树冠下栽植。而部分耐旱性较强的如卫矛属、蔷薇属等植物，即使常年不浇水也不至于死亡，适合干旱缺水地区绿化应用。

2．观赏特性

在城市绿地中，可以用作地被的植物种类较多，且色彩繁多，群体功能强，每种植物都独具形态、色彩、风韵、芳香等观赏特性，这些观赏特性又随着不同的季节和生长阶段有所丰富和发展。植物单体的美主要侧重于形体姿态，色彩光泽，韵味联想，芳香以及自然衍生美，地被植物群体的美则集中反映了地被植物单体的观赏效果。在绿地植物群落建植中，可以利用地被植物各自的观赏特性，形成具有自然野趣、色彩鲜艳、花团锦簇的独特地被景观，并以整体效果在绿地空间中起到丰满与充实的作用，从而发挥近自然绿地群落的独特效益。因此，植物配置时，首先要充分了解地被植物单体的观赏特性和群体的观赏特性。

（1）株型

在植物景观设计中，地被植物是重要的基底与前景，其株型是构成景观的重要因素之一，作为绿地的背景决定了整个地被层的外观效果。其种类丰富，具有不同的结构，构成了平铺状、丛状、钉子状等不同株型，地被植物的茎则有直立茎、匍匐茎、平卧茎、缠绕茎、攀缘茎等。

不同形状的植物经过合理的安排和配置，可以产生韵律、节奏等不同艺术组景的效果。因此，在地被植物景观设计中，要充分了解不同植物的株型，并根据功能和要求进行地被植物的配置。

（2）叶型

地被植物的叶型也有不同的形态，不同的形状和大小的叶片形态具有不同的观赏特性。部分地被植物的叶形优美，具有较大的观赏价值。

不同地被植物的叶色丰富，有的色彩会随着季节的变化而变化。充分掌握叶色并加以安排，可以形成植物景观营造中的精巧之笔。绿色虽然属于植物叶子的基本颜色，但是细分则有浓绿、嫩绿、浅绿、黄绿、墨绿、亮绿等差别，还有一些色叶植物。常见的地被植物叶色深绿的，有麦冬、阔叶麦冬等；叶色浅绿色的有白三叶等；叶色黄绿色的有鸢尾、景天等。合理地配置不同叶色的地被植物，可以丰富绿化层次，产生不同的观赏效果。

叶的质地不同也会产生不同的质感，进而产生不同的心理感受，尤其是对于以群集效果为主的地被植物的叶片。地被植物配合其他植物应用，其观赏效果也就大部相同。例如，膜质叶片呈半透明状，常给人以恬静之感；革质的叶片，具有较强的反光能力，由于叶片较厚，颜色较浓暗，有光影闪烁的感觉；粗糙多毛的叶片，给人以粗野的感觉。总之，地被植物叶片的质感有着较强的感染力，可以使人们产生十分复杂的、丰富的心理感觉。

（3）花型

众多的地被植物具有花色丰富、花形独特、花期长等特点。地被植物花色的复杂变化，可以形成不同的景观效果，艳红色的花如火如荼，如小菊、地被月季、红花醉浆草等，大面积配置所形成的群集效果在开花期会形成热情兴奋的气氛；白色的花有悠闲、淡雅的气质，如玉簪、马蹄莲、栀子花等；黄色的花会产生夺目的效果，例如孔雀草、三色堇、雏菊等；蓝紫色的花则会给人以深沉的感觉，例如二月兰、莺尾、紫花地丁等。

地被植物的花还有不同的花型，形成了许多观赏上的特别效果。常见地被植物的花序有穗状花序、总状花序、圆锥花序、头状花序、伞状花序、轮状花序等各种类型。花的姿态也有很多种，有的为球形，给人一种团结、有力量之感，如菊花；有的花呈碗形，半重瓣、瓣缘齿裂，给人以繁茂之感；有的花小，在枝顶排成大型圆锥花序，给人以热情、奔放之感，如金鱼草。

地被植物的花的姿态多种多样，花色丰富多彩，在创造地被植物景观时，要根据设计的要求来选择不同姿态的花。因此，地被植物景观设计要注意把最完美的部分充分地展示给观众。

（4）果实

许多地被植物的果实也有突出的美化作用，在园林中应用具有一定的观赏意义。目前，在园林中应用地被植物发挥观果目的，主要是观赏其果实的形状与颜色。一般植物果实的观赏以奇、巨、丰为准，地被植物的果实也有类似的观赏特性与要求。在地被植物景观设计时，只有保证植物正常的生长发育，才能发挥较好的果实观赏效果，常见地被植物的果实有瘦果、荚果、长角果、短角果、蒴果等。同时，地被植物的果实颜色比较丰富，常见的果实呈红色的，有蛇莓、平枝枸子等；果实为橙黄色的，有火棘、地被月季等；果实为黑色的，有麦冬等。不同植物果实的颜色可以产生不同的效果。

（5）芳香

有些地被植物能分泌一些芳香化学物质，刺激人们的嗅觉器官，具有一定的吸引力，不同类型的芳香还会引起人们不同的反应。芳香地被植物在园林绿化中有着特速的用途，例如，薰衣草、百里香以及部分野生地被植物都会有不同的香气，在园林绿地中可以单独使用也可以组合使用，形成独特的植物芬芳和气息的景观。

（6）季相景观

随着季节变化，地被植物也会呈现出不同的发芽、开花、结实等生长节律，这种随季节变化而表现出的不同节律，就组成了植物的季相景观。地被植物在景观配置中宜成片栽植，使之成为主景的底色。在进行季相景观设计时，应根据实地景观来搭配，利用季相的变化创造出丰富的地被植物景观，使它们的不同季相与上层植物相映成趣，达到四季有景的效果。

3．应用特性

（1）易于造型修饰

大多数草本地被植物的植株高度不高于25cm，具有匍匐性或良好的可塑性，可以充分利用特殊的环境造型；特别是地被植物中的木本植物有着高低、层次上的变化，部分品种在自然状态下虽然可以长得较高大，但在反复的整形修剪后也可以控制在一定高度之内，尤其易于造型修饰，既可修剪成球形、塔形，又可构建成模纹图案，不仅丰富了植物景观的丰富度，还使植物群落结构有着高低起伏的层次变化。

（2）管理粗放，节省成本

地被植物多为自繁力强的草本植物和多年生木本植物，一次种下后不需要经常更换，使用年限普遍比草坪地被长，如地被月季（Rosa Chinese）、扶芳藤、小紫薇（LaBerstroemia indica L.）等植物的正常寿命都在 10 年以上，因而能保持连年不衰，多年受益。且在后期养护管理上，由于其适应性较好，覆盖地面能力强，病虫害也相对较少，不易滋生杂草，耐修剪，较之单一的大面积草坪而言，养护管理较为粗放，不用经常灌溉和喷施农药，也不需要经常修剪和精心护理，减少了人工养护的费用和时间，成本也大大降低。

（3）应用广泛

由于具有上述特点，地被植物在园林绿化中的应用非常广泛，根据不同的立地条件可以选用不同的地被植物，形成色彩、季相变化丰富的园林景观，提高植物群落的稳定性，大大降低投入成本和养护成本，对于环保和节水型园林，具有非常广阔的前景，并为景观的多样性和生态性提供无限可能。

（二）园林地被植物的功能

地被植物是园林绿化的重要组成部分，也是园林造景的重要植物材料，在提高园林绿化质量中，不仅具有维护生态平衡、保护环境、减少污染等生态功能，还具有丰富绿地景观层次、柔化、烘托硬质主体、暗示空间边界等景观功能，并能节约园林绿地造景成本，兼有用材、食用、药用、香料等多种经济价值。

1. 生态功能

据研究报道，不同结构的片林的如乔、灌、草三层结构的片林的生态效益要比乔、灌两层的片林及乔、灌单层的片林结构要好。

（1）增加绿量，抑制杂草

多数地被植物枝叶细密，可以增强绿地的绿量（即提高单位绿地面积上的叶面积总数），能更加充分地利用上层乔木、灌木未能吸收的太阳光能，提高城市中的绿视率、绿地景观和绿地生态效益。地被植物各方面的抗性较好，生长迅速，繁殖力强，能有效地减少或抑制杂草生长，提高整个植物群落的抗逆性与稳定性。因此，合理地选择和栽植地被植物能提高群落绿量与生态效益，可使绿地空间与植物群落得到最大限度的利用。此外，地被植物还能疏松表层土壤、增加土壤腐殖质含量，具有改善土壤理化性状的作用，对上木的生长有促进作用。

（2）减少冲刷，保持土壤

地被植物根系浅，分布范围广阔，在表土中有絮结密集的草根层，因而具有较强的地表覆盖能力，许多坡地、水库、河岸、水沟等处，有了地被植物的覆盖，不但能截流降落的雨水，而且能削弱暴雨落下的动力，减缓雨水流速，从而大大降低地表径流速度，有效地控制水土流失。以 20cm 厚度的表土层为例，有地被植物或草坪草等植被层的土壤被雨水冲刷尽所需的时间为 3.2 万年，而裸地仅需 13 年，由此可见，地被植物对减少雨水冲刷，提高土壤稳定性和抗冲能力有着重要的意义。尤其在坡地、水库、河岸等地种植地被植物，水土保持效果更加明显。

（3）吸尘降噪，缓解辐射

许多地被植物茎叶密集交错，叶片上又有很多绒毛，能吸附大量的飘尘和粉尘，大片的草坪地被植物，就如一座庞大的天然"吸尘器"，能连续不断地接收、吸附、过滤着空气中的绝大部分粉尘与颗粒，且由于其植株低矮，刮风时能防止尘土飞扬，并对二次扬尘有着显著的缓冲效果。有研究表明，在 3～4 级风下，城市中心区公共场所（百货公司）上空的粉尘浓度是地被植物所覆盖绿地的 13 倍，而细菌含量是绿地空间的 3 万倍。同时，地被植物的茎叶具有良好的吸声效果，20m 宽的覆盖性绿地可使 2dB，30m 宽的林带可减少噪声强度 6～8dB，40m 宽的隔离绿地可减少噪声强度 10～15dB，可见，地被植物在很大程度上能有效缓解城市的噪声污染。而且，地被植物还能减缓降低太阳辐射及反射，吸收强烈日光和紫外线，减少地面反光所产生的刺眼现象，减轻和消除人们的眼睛疲劳，且在公路两旁建立草坪或地被植物的缓冲带，能有效降低车祸的发生概率。

（4）降温增湿，涵养水源

地被植物就像水库一样，它们覆盖地面后，其庞大而密集的根系层可蓄积水分，有效地减少地表径流，提高地下水位，涵养水源，进而增强植物群落体系的保水性与抗寒性，且还能有效截留下渗水中的有毒、有害物质，使水源得到净化；而地上部分通过蒸腾作用能将土壤中的水分吸取排放到空间，加之绿地叶面系数的增加，还可有效地降低地表温度，提高空气湿度，调节绿地小气候。据测定，1 公顷的地被，每年要蒸发 6～7 立方米的水分，同一时间，温度要比裸露地面低 2～3℃，湿度增加 25%。一般在有地被植物的林下比没有地被植物的林下温度要低 1～2℃左右，空气湿度高出 10～20%，爬满了藤蔓植物的墙面比没有绿化的墙面的温度平均要低 5℃，室内温度则相差 2～3℃。

（5）过滤毒气，净化环境

地被植物是人类生态环境的清道夫和忠诚卫士，能稀释、过滤、分解并吸收大气中的有害气体，可以通过光合作用吸收空气中的 CO_2，释放出大量 O_2，提高空气中的负离子含量，犹如大自然的空气净化剂。据有关科学研究表明，每公顷地被植物每年能从空气中吸收同化 200t 以上污染物质，同时每昼夜能释放氧气 600kg，吸收 CO_2 气体 900 多 kg。以一个人每小时呼出的 CO_2 为 38g 来计算，25m^2 有地被植物完全覆盖的绿地就可以将一个人一天呼出的 CO_2 全部吸收，而大约 225m^2 的地面覆盖物释放的氧气，就能满足 4 个人所需要的氧气。并且，不同地被植物的针对性也有所不同，有些地被植物如黄杨、海桐（Pittosporum tobira.）等能吸收空气中的 SO_2、Cl_2、H_2F 等有毒气体，而黄杨、小叶锦鸡儿（Caragana microphylla.）、麻叶绣球（Spiraea cantoniensis）以及一些蔷薇属植物等还能不断地分泌杀菌素，有效地杀灭空气中的细菌。由此可见，地被植物在净化空气，保护环境方面有着不可估量的重要作用。

另外，地被植物还能影响生物圈中其他环节，调节其他生态因子的稳定平衡。其在不使用（或少用）化学杀虫剂的条件下，能使害虫和天敌稳定在不对园林植物造成严重危害的程度上，使植物与植物间、植物与其他生物间有序和谐地共存，构建绿色生态景观。

2. 景观功能

地被植物覆盖效果显著，使得黄土不露天，其品种多样性、色彩丰富性和景观季相性能将园林中的乔木、灌木、草花以及其他造景因素调和成色彩纷呈、高低错落的多层立体空间，营造优美多样的植物景观，从而软化园林硬质景观，烘托与点缀主体景观的多重功能。

（1）提供众多种类，营建自然美景

地被植物是园林绿化的重要组成部分，其种类繁多，分布极广，是介于乔灌木和草坪层次之间的一层低矮植被，可利用资源空间很大，不同的叶色、花色和果色为园林绿化形式美、艺术美提供诸多选择，若能在整体设计上，因地制宜地配置适当的型、色、质地、高矮的地被植物，则可形成四季常青的地被植物景观（如麦冬、沿阶草、吉祥草）、终年看叶胜似花的花叶及彩叶植物地被（如玉簪、石蒜、蝴蝶兰）、五彩斑斓的观叶地被（如变叶木、红继木、金叶女贞）等各类风格迥异的景观效果。尤其，地被植物除了常绿观叶种类，大部分多年生草本、灌木和藤本地被植物均具有明显的季相变化。随着季节的更替，植物的色彩差异而营造出不同的景观变化，生动地提示着季节的转换，给人以惊喜、丰富多变的感受，有效地增加了园林景致趣味，形成了四时各异的自然美景。

（2）丰富景观层次，强化群落结构

园林地被植物通常在乔木、灌木和草坪组成的植物景观中起承上启下的作用，它通过覆盖地面来减少或消除杂草，增加绿地面积，提高绿化覆盖率，使绿地中乔木、灌木、地被植物的层次和营养结构更加复杂和多样化的同时，为人们提供一个完整的由植物组成、具有吸引力的植物组合体。据研究报道，在片林、群落的局部地段移去生长不良或过密的乔灌木，按一定比例栽入耐阴灌木和耐阴地被植物可组成稳定性好、外观优美、季相丰富的多层混交群落，从而形成科学合理的空间序列，明显提高绿化效果，丰富园林景观，充分发挥园林绿地保护、改善生态环境的作用，满足人们在城市现代生活中对生态环境的要求。

（3）烘托主体景观，凸显层次分明

一般情况下，地被植物主要作为配景使用。在园林造景设计中，常利用自然、单纯的地被植物（扁竹根、书带草、沿阶草）作为背景来衬托上部的乔、灌木，使植物群落层次分明，突出主要景观，使其更为醒目并自然地成为视觉中心，达到突出主景的效果，常见于花坛镶边地被植物景观。但也可作为主景应用，以单层种植构成各种装饰型地被、模纹花带等。

（4）柔化硬质景观，协调景观要素

地被植物在园林中常常被用来解决各类建筑工程上遗留的实质性难题，一些质感、色彩不同的景观元素、水平与垂直方向延伸的景观元素等都可以通过同一种地被植物的过渡而很好地协调统一起来，而不再僵硬过度、缺乏生气。如生硬的水岸边、笔直的道路、建筑物的台阶和楼梯、道路或建筑物的转角位、高大的乔木等都可以在地被植物的衬托下变成统一协调的有机整体。通常，我们在道路边缘可选择一些带有延伸性的植物（诸如铺地柏、常春藤），会打破植物与道路明显生硬的界线，使整体景观更加舒适宜人。在地被植物作为基础栽植时，不仅可以避免建筑顶部排水造成基部土壤流失，还可以装饰建筑物的立面，掩饰建筑物的基础。对其他硬质景观如雕塑基座、灯柱、座椅、山石等园林小品也可以起到类似的景观效果。

（5）暗示空间边界，组织交通人流

利用地被植物暗示空间边界，提示路径的变化，装饰不同类型的园林景观。绿地镶边地被植物的边界为观赏者留下美好的第一印象，也能很好地表达出设计师对该空间的功能用途的界定和整体组织意向。空间之间的划分可通过各种地被植物不同颜色、高矮、株形等对比搭配，形成分明的、流畅的界线与路径指向。我们可利用这类色彩或质地明显对比的地被植物并列配置来吸引游人的注意力。它可以装点园路的两旁，为树丛增添美感和特色。例如，沈阳世博园大量采用颜色各异的花卉地被植物（石竹、三色堇、地被月季）来饰边，既烘衬了热烈的气氛又很好地分隔了空间，引导游览路线。

3. 经济功能

（1）节约成本

地被植物个体小、种类多、生长速度快，覆盖力强，自然更新能力较强，繁殖简单，一次种下，多年受益，也弥补了乔木生长缓慢、下层空隙大的不足，在短时间内可收到较好的观赏效果，在前期景观营造中，可节约一定的经济成本。同时，在后期养护管理上，地被植物较单一的大面积草坪病虫害少，不易滋生杂草，养护管理粗放，不需要经常修剪和精心护理，减少了人工养护的花费的精力，也降低了后期管护和管理的投入和支出，符合当今社会所提倡的生态可持续发展的目标。

（2）多种经济价值

除观赏价值外，许多地被植物具有药用、食用的功能，有的还可以作为提取香料、纤维、淀粉等的工业原料。如菊花、芍药（（Paeonia lactiflora Pall.）、麦冬、枸杞（Lycium chinense.）、金银花等可作药用；葡萄（Vitis vinifera Linn）、无花果（Ficus carica Linn.）、沙棘（Hippophae rhamnoides Linn.）等可食用；玫瑰（Rosa centifolia）、百合（Liliaceae）、茉莉（Jasminum multifforum）等可用作香料原料等。这为地被植物的开发利用提供了新的途径，使得生态效益和经济效益紧密结合起来，因而具有较高的应用价值和市场发展前景。

四、地被植物的养护管理

1. 抗旱浇水

地被植物一般为适应性较强的抗旱品种，除出现连续干旱无雨天气，不必人工浇水。当年繁殖的小型观赏和药用地被植物，应每周浇透水 2 ~ 4 次，以水渗入地下 10 ~ 15cm 处为宜。浇水应在上午 10 时前和下午 4 时后进行。

2. 增加土壤肥力

地被植物生长期内，应根据各类植物的需要，及时补充肥力。常用的施肥方法是喷施法，因此适合于大面积使用，又可在植物生长期进行。此外，亦可在早春、秋末或植物休眠期前后，结合加土进行微施法，对植物越冬很有利。还可以因地制宜，充分利用各地的堆肥、饼肥及其他有机肥源，使用堆肥必须充分腐熟、过筛，施肥前应将地被植物的叶片剪除，然后将肥料均匀撒施。

3. 防止水土流失

栽植地被的土壤必须保持疏松、肥沃、排水一定要好。一般应每年检查 1 ~ 2 次，尤其暴雨后要仔细查看有无冲刷损坏。对水土流失情况严重的部分地区，应立即采取措施，堵塞漏洞，防止扩大蔓延。

4. 修建平整

一般低矮类型品种，不许经常修剪，以粗放管理为主。但对开花地被植物，少数残花或花茎高的，需在开花后适当压低，或者结合种子采收适当整修。

5. 更新复苏

在地被植物养护管理中，常因各种不利因素，成片地出现过早衰老。此时应根据不同情况，对表土进行刺孔，使其根部土壤疏松透气，同时加强肥水。对一些观花类的球根及鳞茎等宿根地被，须每隔 3 ~ 5a 进行 1 次分根翻种，否则也会引起自热衰退。

6. 地被群落的配置调整

地被植物栽培期长，但并非一次栽植后一成不变。除了有些品种能自行更新复壮外，均需从观赏效果，覆盖效率等方面考虑，人为进行调整与提高，实现最佳配置。首先注意花色协调，宜醒目，忌杂乱。如在绿茵似毯的草地上适当种植些观花地被，其色彩容易协调，例如低矮的紫花地丁、白花的白三叶、黄花蒲公英等。又如在道路或草坪边缘种上雪白的香雪球、太阳花，则显得高雅、醒目和华贵。其次注意绿叶期和观花期的交替衔接。如观花地被石蒜，忽地笑等，它们在冬季光长叶，夏季光开花，而四季常绿的细叶麦冬周年看不到花。如能在成片的麦冬中，增添一些石蒜，忽地笑，则可达到互相补充的目的。如在成片的常春藤、蔓长春花、五叶地锦等藤本地被中，添种一些铃兰、水仙等观花地被，可以在深色的背景层中，衬托出鲜艳的花。二月兰与紫茉莉混种，花期交替，效果显著。

第二节　地被植物的繁殖与栽培管理

一、地被植物的繁殖技术

繁殖技术是地被植物生产技术中不可缺少的重要环节，它包括有性繁殖、无性繁殖和组织培养。不同的地被植物应视其特性而选择。

（一）有性繁殖

通过花的雌雄器官作用，花粉和胚珠结合成种子，用种子繁殖后代称为有性繁殖，有性繁殖能在较短时间内获得大量根系发达，生长健壮、抗逆性较强的实生苗；在品种间自然杂交或人工杂交育种获得的种子实生苗，有可能产生变异而得到新品种，但多数不能保持母本的优良性状，实生苗进入开花期的时间较长。

1. 种子采收与贮存

选择品种纯正、健康的母株留种。为培养优良品种，在栽培中可进行人工辅助授粉。必须等种子完全成熟后采收，种子采收后及时清理选种，一些地梭植物种子可随采随播，如大金鸡菊，大吴风草、黄菖蒲等，大多数种子需置于通风、干燥、温度较低处贮存。

2. 选地与床土处理

选择土壤肥沃、疏松、排水通气良好，浇灌方便的播种地．低洼地易产生根腐病，白绢病等病害，影响幼苗生长，甚至造成幼苗大量死亡。

为消灭土壤中的病虫害，必须在播种前进行土壤处理，采用呋喃丹和五氯硝基苯或地菌灵混合拌土，效果较理想。

3. 播种

一般采用春播，将采收的种子置于冰箱中，低温5℃保存至翌年3月中下旬播种。大金鸡菊，黄菖蒲的种子在秋季采后即播种，使其在冬季休眠前有2个月左右的生长期。播种时将种子在40℃温水中浸泡24小时，阴干后置于50%多菌灵可湿性粉剂700倍液浸种10分钟，晾干备用。将种子均匀撒于畦面，用腐殖土覆盖，细小的种子覆土厚度以盖没种子为度，较大的种子按一定行距在畦面开沟，均匀播入，盖实土。播种后覆盖草席，出菌前保持土壤湿润。

4. 播后管理

播后加强水分管理，浇水量要适当，保持土壤湿润。多数地被植物的种子较细小，应采用喷雾的方法浇水。

（二）无性繁殖

无性繁殖是利用植物母体的部分营养器官进行繁殖。通过分株（根）、分球、扦插、压条的方法增加植株数量，延续母体的个体发育阶段。无性繁殖植物的种类不易因环境条件变化而发生变异，能保持品种的固有特性，由于生理年龄与母株相同，种苗整齐一致，进入观赏期快，但长期无性繁殖易引起植株生长势衰退，降低抗逆性，易产生毁灭性的病害。

1. 分株繁殖

分株繁殖适用于结实较少的地被植物，如地被石竹（或扦插繁殖）、虎耳草、白花酢浆草、紫叶酢浆草、丛生福禄考、多花筋骨草、玉带草、银边金钱蒲、萱草类、玉簪类、火炬花、白穗花、沿阶草、山麦冬类、吉祥草、宽叶韭、水鬼蕉、鸢尾类、火星花、石蒜类、姜花、白及、美人蕉类等。

2. 扦插繁殖

常规扦插繁殖：在梅雨季节或 9 月中下旬扦插较好，选择无风的天气，剪取生长健壮的一年生枝条，插穗长 5 ~ 8cm。插穗下切口位于节下。每 1 穗条足保留上部 2 ~ 3 叶。用小竹签在床土上戳洞孔，将穗条插入洞中，插穗入土深度为稳长 1／3，插后将土压实。插穗扦插株行距视插穗的粗细确定，一般为 35 ~ 35cm。扦毕用细孔喷壶将插床喷水浇透。梅雨季节搭拱棚覆盖地膜，防止水淋，温差变化明显时，及时通风，出梅后揭去地映，插床内覆盖遮阴网。秋季扦插后搭拱棚覆盖地膜保暖。

生根后将植株移植至 10 ~ 15cm 的塑料盆，不同的植物选择不同的栽培基质。然后根据其习性放置在相应的环境中，以后每隔 15 天施肥一次，有机肥和复合肥相结合。肥水不宜过多，薄肥勤施，草本类地被植物，一般上盆后 1 ~ 2 个月可出圈，灌木类地被植物春天扦插繁殖，秋天可出圃。

采用扦插繁殖的地被植物有鱼腥草、八宝。费菜，美女樱、美国薄荷、牛至、无毛紫露草、花叶柳"哈诺"，金叶小檗。湖北十大功劳、八仙花、泽八仙，"雪球"冰生溲疏、大花六道木、绣线菊类、微型月季。红果金丝桃、金叶莸，水栀子、挟芳藤类、南蛇藤、西番莲，常春藤类。川郭爬山虎，忍冬类、南五味子、活血丹类、蔓长春花、薜荔、蔓锦葵。

杭州地区在 5 ~ 6 月进行扦插繁殖时，不同种类的地被植物，其生根的快慢程度不同，可归纳为 3 类：极易生根类（7 ~ 10 天生根），如八宝，佛甲草、垂盆草等景天科地棱植物，扶芳藤类、蔓长春花、蔓锦葵、常春藤、欧亚活血丹等；较易生根类（10 ~ 15 天生根）。这类地被植物数量最大，一般地被植物都属于这个范围；较难生根类（在 25 ~ 30 天生根），一些髓中空的地被植物如剪夏罗等。

全光照喷雾扦插工厂化育苗：全光照喷雾扦插育苗是地被植物繁殖的一项新技术，它是在自然光照条件下，采用间歇喷雾的方法，降低插穗表面温度，保持插穗湿润，创造良好的条件使插穗生根。它使许多地被植物扦插繁殖时提前生根。使一些不易扦插繁殖的地被植物能扦插生根。

全光照喷雾扦插床由控制系统和插床组成。控制系统有湿度仪、电磁阀、喷头及水管和接口。扦插床底部垫一层高度为 8～10cm 的河沙，采用配制好的混合基质为扦插基质，扦插前基质用 0.3% 高锰酸钾消毒。为保持插床清洁，每一轮苗移栽后，必须对苗床彻底消毒，及时清除枯枝落叶及枯死的插薰，以一般福尔马林 40 倍液均匀喷涅基质，用量为 20ml/m²，后用塑料薄膜覆盖 1 周，扦插前揭去薄膜，风干 1 周后再应用。为了达到全年扦插繁殖的目的，可在温室内建造四季可用的全光照扦插苗床，在苗床底层铺装电热线。1000W 的电热线可铺设 10m² 的温床，电热线用瓷珠固定，将铺好的电热线连接在控温仪上，与 220V 电压相连，把温度传感器插到苗床的基质中。采用全光照喷雾扦插技术，可提高生根率和出苗率，加快扩繁速度，适应地被植物巨大的市场需求。

3. 其他一些繁殖方法

整技压条繁殖：将植株的枝条整枝埋入扦插床基质中，埋土约 3cm，仅露出枝条中的叶片。一次浇透水，用塑料棚遮盖保温，不久枝条的节处会发芽。每一节是一个新植株，等芽发出 3～4 片叶时将整枝挖起，节间剪开就是一株独立的小苗。老枝压条宜在早春进行，嫩技压条宜在夏季。用这种方法繁殖，新植株易形成，但用工量较大。对较难扦插生根的地被植物种类，可采用压条法繁殖，但规模化生产中一般不采用。

一些藤本地被植物的匍匐茎常产生不定根，将带根的茎剪下来繁殖，成活率高．繁殖数量大。如蔓长春花，小叶扶芳藤，川鄂爬山虎，南五味子，常春藤，活血丹，络石、薜荔，蔓锦葵等。

散播式短枝压条繁殖：将母本嫩茎 10～20 条整理成捆，用刀切成 5～7cm 长的短枝，每枝保留 2～3 叶芽。把短枝均匀撒播于床面，用硬纸板轻压，使之与基质紧贴，再撒一层基质材料半覆盖，喷水保持基质湿润，50% 遮光网防止阳光直射，生根后拆除遮光网，发根后用 0.5% 磷酸二氢钾液喷籍 1～2 次，40 天左右可移栽。春、夏、秋三季均可进行，成活率 95% 以上。

与常规人工扦插比较，工效提高 20 倍以上，100m² 母本当年可繁殖 60 万～90 万株。以佛甲草为例，其繁殖系数为 1：20，即生长良好的佛甲草可扩大 20m²。可采用短枝压条繁殖的地被植物种类很多，如垂盆草、佛甲草、金叶景天、凹叶景天、八宝、扶芳藤类等。这类地被植物短枝压条繁殖成活率都在 80% 以上，采用这种方式繁殖，方法简单，繁殖速度快，在杭州萧山地区的苗农中推广，得到苗农的积极响应。

（三）组织培养

一些常规繁殖较困难或繁殖速度较慢的地被植物，通过组织培养快繁技术，可在短期内获得遗传性状稳定的大批量种苗。

地被植物的组织培养是将自然环境中分离出来的植物组织放入含有合成培养基的瓶中，在无菌条件下离体培养诱导其分化器官，再生新的植株。为园林地被植物难繁种类的规模化生产应用，开辟了广阔的前景。

1. 培养基的组成和配制法

MS 基本培养基，利于一般植物组织和细胞的快速分化、生长。以此为基础添加不同浓度的激素（6-BA，NAA、IBA）于其中即能满足不同目标的组织培养。

2. 培养条件

（1）温度：大多数植物组织在 20 ～ 28℃时就可满足生长要求，其中 26 ～ 27℃最适合。

（2）光：由愈伤组织分化成器官时，每日必须有一定时间的光照才能形成芽和根。

（3）渗透压：渗透压对植物组织的生长和分化有关，在培养基中添加蔗糖、食盐、甘露醇和乙二醇等物质可以调整渗透压。通常 1 ～ 2 个大气压可促进植物组织生长，2 个大气压以上时，出现生长障碍，6 个大气压时则植物组织无法生存。酸碱度：一般植物组织生长的最适 pH 值为 5 ～ 6.5。在培养过程中 pH 可发生变化，加进磷酸氢盐或二氢盐，可起稳定作用。

（4）通气：悬浮培养中细胞的旺盛生长必须有良好的通气条件，经常转动或振荡，可起通气和搅拌作用。

3. 组织培养的操作程序

（1）材料的选择：地被植物的各部分都可作为组织培养的材料，如胚、子叶、茎尖、根、茎、叶、花药、花粉、子房和胚珠等。

（2）灭菌：表面灭菌是组织培养成功的首要环节。一般将植物离体材料冲洗洁净后，用漂白粉溶液（1% ～ 10%）、升汞溶液（0.01%）、次氯酸钠溶液（0.5% ～ 10%）、乙醇（700mol）或过氧化氢（3% ～ 10%）等处理，再用无菌水反复冲洗至净。

（3）接种与培养：在无菌室将所取的植物组织切取 5mm 接种到固体培养基上。在适宜的条件下，受伤组织切口表面不久即能长出愈伤组织，愈伤组织经一定时间能诱导长成整椿植物。植物培养的组织或细胞随着培养代数的增加，分化能力就逐渐降低，可以用激素或改善营养条件使之恢复。

4. 一些地被植物组织培养技术

（1）萱草的组织培养

供试的品种有"常缀"萱草和"重瓣"萱草两个品种。选用根、嫩叶、老叶、茎尖和花蕾作外植体，接种前用洗衣粉水洗净，后用自来水冲洗干净，在无菌条件下，用 0.1%

的升汞消毒 10 分钟，再用无菌水冲洗 4 ~ 5 次，将外植俸切成约 5mm 大小，接种在培养基上，置于 25℃左右的培养室内，光照 12 小时，光强 2000lx。采用 MS 培养基，糖浓度 2%，琼脂粉 0.7%. pH5.8 ~ 6.0。诱导愈伤组织的培养基是 MS+6 ~ BA2.0，继代培养基是 MS+NAA0.5 另加不同浓度的 6 ~ BA，生根培养基是 MS+IBA1.0。

将外植体接种在 MS+6 ~ BA2.0 培养基中，45 天形成浅黄色愈伤组织。愈伤组织的诱导表明，在相同培养基条件下，品种上有很大差异，同一品种的不同部位愈伤组织的诱导率也不相同，其诱导率的优劣为：茎尖 > 花蕾 > 嫩叶 > 老叶 > 根。

诱导中的愈伤组织转接到相同的培养基上经过 30 天培养，分化出芽，不同品种的愈伤组织分化出小植株能力和小植株的长势有所不同。'常绿'萱草大多数愈伤组织分化出 2 ~ 4 个芽，而"重瓣"萱草每块愈伤组织大部分分化出 1 个芽，继续培养 15 ~ 20 天芽分化会有所提高。

将培养中的芽与愈伤组织一起分割接种到 MS+6 ~ BA3.0+NAA0.5 的培养基上，芽与愈伤组织不断增殖分化，每个月可继代培养一次，在培养过程中，有的苗分化是在原愈伤组织上分化出芽，有的是芽先形成愈伤组织继而分化成芽。培养时间为 40 ~ 50 天，分化倍数略有增加。

继代培养达到一定数量时，即可转入生根培养基培养，10 天左右 100% 生根，一般 2 ~ 4 条，粗壮、绿色，生根部位是愈伤组织与苗之间，有的在苗基部，所以移栽时将愈伤组织去掉对菌与根无影响，待根长至 5cm 左右时，即可移栽，移栽成活率为 95%，移栽菌在 25℃左右条件下，10 多天即可长出新叶。

（2）鸢尾的组织培养

鸢尾是著名的观赏花卉，以其花大，色艳，花型奇特，适应性广而广泛用作鲜切花和园林美化。在我国，由于荷兰鸢尾种球数量少，价格高，尚不能满足鲜切花市场的需要，因此，通过组织培养快速繁殖是目前提供商品性种球的唯一有效途径。

选取露地栽培生长旺盛，直径约 2 ~ 3cm 的鳞茎，以自来水洗净泥土，用手术刀以基盘为准切去叶片和须根，注意在切除基盘下须根时尽量保留约 2mm 宽的过渡区，以保证鳞片基部分化能力最强的部分不受损伤。先用 10% 的洗衣粉水浸泡并搅拌消毒 10 分钟，再用自来水冲洗干净，置超净台上，接种前用 75% 的酒精浸泡 5 分钟后，用无菌水冲洗 2 次再用 0.1% 的氯化汞溶液消毒 5 分钟，最后用无菌水浸泡 10 ~ 15 分钟，在浸泡时间内需经常搅动并换水 3 ~ 4 次。材料取出后放置于培养皿的无菌纱布上，吸去多余水分，然后将鳞片均分为基部、中部、上部 3 部分，切成不同大小的外撞体块，接种在准备好的培养基上。以 MS 为基本培养基，琼脂 0.7%. pH5.8 ~ 6.0. 培养温度 25℃，光照 12 小时，分化培养基为 MS + 6 - BA1.0 + NAA 0.2；增殖培养基为 MS + 6 - BA 2.0 + NAA 0.2，生根培养基为 MS + 6 - BA 0.2 + NAA 0.5。

取材部位对诱导分化具明显的影响，鳞片上部的外植体块接种在培养基中无不定芽形成，鳞片中部的外植体块虽有不定芽形成，但频率较低，而取自鳞片基部的外植体块形成不定芽，鸢尾鳞茎鳞片的分生能力由基部向上运新减弱。

不定芽的大小对不定根的发生有一定的影响，直径 4 ~ 5mm 的不定芽较易生根，小于 3mm 的不定芽不易生根，生根芽数较少，生根率较低，大于 6mm 的不定芽也不易生根，鳞片伸长长成叶后则更不易生根。生根菌移载：试管苗出瓶最好选择在该种的生长季节，尽可能避开休眠期。不定根长度达到 0.5 ~ 1cm 时不经炼苗便可直接出瓶。生根苗从培养基中取出后，将根部的培养基质冲洗干净，移栽到泥炭∶河沙 =1∶1 的基质中，稍加遮阴，成活率可达 90% 以上。

（3）金边阔叶山麦冬的组织培养

金边阔叶山麦冬组织培养条件为：每种培养基均附加 3% 蔗糖，0.7% 琼脂份，pH5.8，培养温度 25℃，光照强度 2000lx。

取麦冬植株切去根，剥离叶片，只留取包裹茎尖的嫩叶，自来水冲洗 10 分钟，在超净台上用 75% 酒精消毒 30 秒，0.1%HgCI，消毒 8 ~ 10 分钟，再用无菌水洗 5 ~ 6 次，用灭菌过的滤纸吸干表面水分，控制无菌条件，在解音 4 镜不小心剥出茎尖，切取 0.5 ~ 0.6mm 长的茎尖（带 2 ~ 3 个叶原基）迅速接种于诱导愈伤组织培养基：MS + BA2 + NAA 0.2 培养基上，置合适条件下培养，接种 20 天后，均可形成愈伤组织。

将生长良好的愈伤组织切成小块，置于芽分化培养基：MS + BA1.0 + IBA1.0 中培养，7 天后愈伤组织开始重新增殖，10 天后开始有芽的分化，20 天后形成大量丛生芽，增殖倍率 10 ~ 12。

生根与移栽：将高约 3cm 的苗切下，插入 1 / 2MS + IBA0.2 培养基上，1 周左右开始生根，2 周时均可产生 5 ~ 6 条根，3 周后根平均长度 2 ~ 2.5cm。将上述生根菌炼菌后移栽至盛有含水量为 60% ~ 65% 的蛭石与泥炭（w / W=1∶1）的育苗盘中，保持温度，1 ~ 2 周后，苗成活率达 100%。

（四）容器化无土栽培

容器栽培已广泛用于地被植物栽培中，容器栽培有高度集约化的特点，生长的植株有完整的根系，在园林绿化工程中工期缩短或几乎没有缓苗期，满足了不同季节的施工应用和快速成景的要求。容器化无土栽培技术的关键，是利用穴盘育苗和袋式栽培。

二、植物栽植施工

（一）施工准备

1. 平整场地，布置运输道路路线

首先要按要求平整场地，并根据施工图及结合现场实际情况进行运输道路路线安排。

2．接通施工用水、用电

3．组织部分材料、机具、构件进场，并按指定地方和要求存放

（二）清理场地

按图纸标高要求对场地进行初步清理，将其中需开凿的各种障碍物予以清除。

（三）土方工程施工

按图纸标高要求对场地进行进一步清理，使场地基本达到图纸要求并利于后一步施工需要。土方工程施工中，在保证种植质量的基础上，以机械与人工相结合的方式对绿化区域场地进行全面整治和清理，确保绿地内无矿渣、建筑垃圾等不利于种植的杂质。土方施工阶段还将结合化学除草剂进行苗前除草，去除大部分杂草，并进行日晒。

（四）整理绿化用地

将场地内的杂草清除干净，并将清除的杂草清理干净。将土壤中的砖头、瓦砾、灰渣、砾石、棍棒、垃圾等杂物予以清除并运出现场。对绿地进行表土铺设与土方造型，保证标高要求，并按绿化施工要求换土、施除草剂、施肥。

（五）土壤处理、整地方案

1．土壤处理

土壤处理工作是绿化建设工程中最重要的工作环节，其质量好坏直接影响绿化工程的质量。

（1）土壤沉降

土方进行换填后，应对回填土均匀沉降，采取大量灌水加速土壤折实，即水灌法沉降。水灌法沉降和人工夯实法相结合。

（2）土壤粗平对标段绿地内地表层的土壤进行嵌细，达到栽植乔木及地被植物的土壤要求。采用机械和人工相结合的办法，进行土壤翻耕整理，在翻地的同时对出现的渣砾等清除。对该绿化场地内表层土壤进行深翻、嵌细，进行绿地地表平整，自然地形按自然起伏坡度整理，地势起伏坡度应缓慢，不得有低洼积水处，低洼积水处用细土填平，并利于排水。

（3）土壤精平

乔灌木栽植后、草皮铺种前进一步对土壤进行精平。用锄头和钉耙反复耙平、嵌细，表土深20cm内应嵌细，土壤颗粒<2cm，并确保绿带地势良好、排水畅通。

（4）杀菌、灭虫、除草

种植前进行以控制土壤传播病菌、地下害虫及在土壤中越冬的害虫为主的杀菌灭虫处理。表层种植的10天以前，施用威百亩、多菌灵、甲基托布津、水胺硫磷等进行种植

前除草、杀菌、灭虫处理。

对种植现场的土壤进行取样试验分析，通过试验结果对酸性、碱性、粘、壤土或沙土等不同性质的土壤采取不同的土壤改良方案。

土壤杀菌用药剂：多菌灵、1000 ~ 2000 倍甲基托布津等，80% 代森锌可湿性粉剂800 倍液及 800 ~ 1000 倍的多菌灵，种植前 10 天施药，防止对植物产生伤害。

土壤害虫处理用药剂：辛硫磷等杀虫剂，每亩用药 5 ~ 10 斤，兑水 50 ~ 100 市斤，种植前 10 天沟施，施后覆盖，防止药剂挥发和对植物产生伤害。

除草用药剂：草甘膦、2，4-D，每亩用药100g，兑成 300—500 倍药液，种植前一周直接喷洒到杂草叶面除草，和人工清除杂草及草根，防止杂草滋生、蔓延影响植物生长。

在翻地的同时应均匀撒施农药，以防治地下害虫：辛硫磷等杀虫剂，每亩用药 5 ~ 10 斤，兑水 50 ~ 100 市斤，种植前 10 天沟施，施后覆盖，防止药剂挥发和对植物产生伤害。

2. 地形整理

对苗木栽植地区地形整理工程应分两次进行。第一次在乔木栽植前，第二次在灌木栽植前。第一次整理场地时，必须将建渣、砂石、砖石及混凝土块等影响苗木成活的垃圾予以清除。栽植地段如遇重黏土、砂砾土层，应根据设计规定，增加栽植坑或部分地更换肥沃土壤。

（六）植物种植方案

本种植方案依据工程招标文件的技术规定、施工图的技术要求执行。植物种植参照具体植物品种的生态学特性确定其种植方法。

1. 植树前的准备工作

施工前将和设计人员、业主及监理工程师进行技术交底，交底内容：

（1）种植设计图及设计说明；

（2）工程范围、工程量、施工期限、工程预算；

（3）定点依据。

2. 定点放线

（1）施工人员到现场核对图纸，了解地形、地物和障碍情况，按设计规定的基线、基点进行放线定点。

（2）定点放线的准备工作：本绿化工程植物种植设计图纸、皮尺（50M）、白灰、铁桶、麻绳（50M 以上）。

（3）列植树定点，按设计规定的株行定出栽植位置。

（4）绿地树木散植树的定点，可用仪器或皮尺测量。定点的方法，先将绿地的边线、道路、建筑物的位置标明，然后根据标明的位置就近定点。应保持自然，不得等距或排成直线。

（5）成行密植灌木按设计要求画出坑槽或其轮廓的白灰边线。

3. 苗木的质量要求

各类苗木规格、形态等必须达到设计要求，并满足以下条件：

（1）各种规格的施工用苗应保证本工程苗木的规格和形状的统一，同时在数量上确保有充分的备货。

（2）所选苗木的规格尺寸比设计所需苗木规格有所宽余，特别是高度、冠幅等规格上，这样才能达到种植修剪后，还是按设计的规格要求。花灌木应枝繁叶茂，叶挺芽壮；观叶植物是移植苗，叶色鲜艳，叶簇丰满。

（3）所选用的植物均应为生长健壮、枝叶繁茂、冠形完整、色泽正常、无病虫害、无机械损伤、无冻害的植物。

4. 苗木起挖包扎

起掘苗木的质量，直接影响树木栽植的成活和以后的绿化效果，掘苗质量虽与原有苗木质量有关，但与起掘操作有直接的关系。拙劣的起掘操作，可以使原优质的苗木，由于伤根过多而降级，甚至不能应用。起（掘）苗质量还与土壤干湿、工具锋利程度有关，此外，起掘苗木还考虑到如何节约人工、包装材料，减轻运输等经济因素。具体根据不同树种，采用适合的掘苗方法。

露根法（裸根掘苗）：露根法适用处于休眠状态的落叶乔木、灌木、藤本。其操作简便，节省人力、运输及包装材料，但由于易损伤较多的须根，掘起后至栽前，多根部裸露，容易失水干燥，根系恢复需时也较长。

带土球掘苗：将苗木的一定根系范围，连土掘削成球状，用蒲包、草绳或其他软材料包装取出，称为"带土球掘苗"。由于在土球范围内须根未损伤，并带有部分原有适合生长的土壤，移植过程中水分不易损失，对恢复生长有利。但操作困难，费工，要耗用包装材料，土球笨重，增加运输负担，移植过程中水分不易损失，对恢复生长有利。目前移植常绿树都用此方法。

（1）起挖带土球乔木，土球的直径大小为：落叶乔木为树干胸径的 8 ~ 10 倍，落叶灌木为灌丛高度的 1/3；常绿树乔木为树干胸径的 10 ~ 12 倍，常绿灌木为灌丛高度的 1/2；土球必须进行捆扎。

（2）当土壤十分干燥时，在起挖前 2 ~ 3 天应充分灌水。

（3）树木在移植前后需进行修剪，修剪量视根群发育的疏密而定。一般野生或野生化的树木根群生长较疏，修剪量宜在二分之一左右，剪去重叠枝、内向枝、纤弱枝、徒长枝、病虫枝、枯死枝，甚至短截，常绿树还需要剪去部分嫩枝或叶片。栽植的树木，根群生长较密，修剪量宜在三分之一左右。对根群生长繁密的，可不予修剪。

（4）修剪分两次进行。第一次在起挖前后，剪去修剪量的三分之二，以减少水分蒸发；第二次在栽植后，剪去修剪量的三分之一，整理树姿。

（5）起挖带土树苗，须正对树干下锄开挖，当用花撬挖土球和切根，直径3厘米以上的粗根，须用手锯锯断。

（6）起挖带土树苗，须正对树干下锄开挖，当用花撬按土球规格切断第一层根系后才能横向挖沟，随修土球，同时削去表面浮土，沟的宽度以便于操作为准，上下一致。土球一定要挖够深度后，才能向中心掏底，底部修削越小越好。自土球肩部向下修到一半的时候，就逐步向内缩小，直到规定的土球高度，土球底的直径，一般是土球上部直径的1/3左右。土球须进行捆扎。

（7）乔木树冠超过3米，在起挖或装运前应将树捆扎围拢。捆扎一般用1.5厘米草绳或细麻绳，收拉不能过紧，以免拆断枝丫。

（8）乔木起挖前须在树干离地0.6～1米内，用草绳卷干一层。

（9）土球须用草绳包扎，若当天来不及装运，须用物盖好，洒水浸润，以免根群受损。

5．苗木的装运

（1）装车前，押运人员应按所需苗木的种类、规格、质量、数量认真检查核实后才能装运。

（2）装运苗木时应斜放，土球向前、树梢朝后，放平、塞稳、挤严。土球的码放层数为单层。后车厢要垫草袋，树干与车厢要联结，树梢应整体捆扎。

（3）装卸苗木要轻拿、轻提、轻放，不得弄破土球，擦伤底端树根、树枝、树皮。装卸车不能只提树干，须有人提拉土球配合用力。卸车要从上往下依次搬动，不得乱抽、乱搬，更不得整车往下推卸，装卸土球时要使用跳板抬上抬下，不得滚动土球装卸。

（4）运苗车辆行车时，应慢速行驶，注意上空电线，两旁树木、建筑。树木上不得坐人，超过车厢宽度的树枝要系红色标志。

（5）卸车后不能立即栽植时，要用草袋盖严树根或土球，防止受冻害。若2天内不能栽植的，要在现场假植。

6．挖坑换土

（1）挖坑或挖沟漕，须严格按照定点放线所标定的位置及尺寸操作。

（2）栽植坑的大小，以树木品种、规格及栽植地点的土壤条件而定。在土质良好的条件下坑径比土球直径大40～60厘米；坑深比根系深度或土球直径深20～40厘米。

（3）挖坑或挖沟漕时，应把表土与底土、好土与坏土分别堆放，遇有石块、砖瓦、石灰渣及其他建筑材料和草根等物时，应予以清除。

（4）树穴坑壁直上直下，不得成"锅底形"，树穴下的排水层15～20cm以上。

（5）换土应换肥沃的种植土。挖坑、换土、栽植相隔时间不长时，客土可堆放在树坑四周或沟槽两侧；若相隔时间较长时，应回填至坑内或沟槽内。土壤贫瘠地段，换土与施基肥应结合进行。

（6）挖坑或挖沟漕时，如发现有文物古迹或地下管道、电缆等设施，应停止操作并及时向有关领导报告。

7．栽植

（1）栽植要求：各类植物栽植定点准确，列植树种植应在一条直线上，相邻植株规格应合理搭配，高度、干径、树形近似，种植的树木应保持直立，不得倾斜，应注意观赏面的合理朝向。八角金盘栽植应线条流畅，符合设计要求。

（2）栽植要加大土球直径、多疏枝叶，尽量缩短移栽时间，快掘、快运、快栽。

（3）栽植前检查坑的大小，深度是否达到标准，若不符时应即刻修改。

（4）栽植前先将坑边的栽植土块碎细，拣去砖头、石块和其他材料，并将表土回填，坑底成"包子形"。

（5）栽植前进行散苗。散苗前应按设计位置放置在坑边，要轻拿轻放注意保护根系、树梢、土球不受损伤。行道树散苗要顺道路方向放置，以免横放路上影响交通、撞断树枝。散苗的时间距栽植越近越好。

（6）栽植土球苗先摆正位置，底部用土填实，在解除包扎草绳，若草绳压底难以解除，可剪断草绳取尽断节，压底草绳可不予取出，再回填表土、心土分层捣实，每层填土厚度不超过20厘米。栽植深度，土球表面应低于地面3～5厘米。若包扎土球的材料不易腐烂必须全部拆除。

（7）栽植孤植树，要照顾四方的观赏苗，栽植树丛、树群切忌等距排列、树顶齐平。

（8）栽植后进行第二次修剪，整修树形。修剪要用高凳，不能强拉枝干勉强操作。

（9）树木所带土球必须完好，不裂不散。凡土球松散的植株不得栽植。栽植前须回填20cm厚表土到树穴底，栽植后须把土踩实，并挖好水圈，浇定根水，并在略大于种植穴直径的周围筑成10～15cm的灌水土堰（水圈），堰应筑实，不得漏水。新植树木应在当日浇透第一遍（定根水），以后应及时适时适量补水。

8．大树移植关键措施

（1）大树移植需用吊车，应准备生根粉、抗蒸腾剂、草绳、麻绳、草垫、木板、木块等材料。

（2）挖掘和修剪。大树移植前应对1年生嫩枝全部进行剪除，然后用麻绳收拢树冠；挖掘前先用绳将树干圈围，进行圈干，圈干由地基到分枝点，以树干为中心，按2.0m～2.5m直径开挖。

（3）包扎除用草绳及麻绳结合包扎土球外，应在土球中部增加10cm左右的腰箍。

（4）吊装现场必须强化安全施工，起重臂缓慢移动，起吊、放置位置安排合理。

（5）栽植工作中，对大树土团应用生根粉涂抹，栽植穴必须备足水土，然后剪掉破损枝条及根系后，用土壤分层夯实，加强支撑。

（6）栽植后，浇定根水，同时注意喷洒抗蒸腾剂，必要时对树干及枝条喷水，保湿枝干。

9. 支柱保护

乔木定植后应设置支撑，常绿乔木胸径超过 10cm 的定植后采用杉竿或竹竿等材料对其进行三角支撑，随时注意加固和松动。落叶乔木胸径超过 8cm 定植后采用杉竿或竹竿等材料对其进行平面支撑，随时注意检查有否松动并加固。随时注意加固和松动。绑扎树木处应夹垫物，绑扎后的树干应保持直立。应整齐、统一、美观。

10. 灌木栽植

苗木定向应选丰满完整面朝向主要视线，孤植苗木应冠幅完整。苗木栽植深度应保证在土壤下沉后，根茎和地表等高。色块灌木栽植不得见土，按要求的密度栽植，并按要求修剪整形，以达到设计要求景观效果。

11. 地被栽植

地被栽植：苗木定向应选丰满完整面朝向主要视线，孤植苗木应冠幅完整、姿态优美、奇特、耐看。苗木栽植深度应保证在土壤下沉后，根茎和地表等高。色块灌木栽植不得见土，按要求的密度栽植，并按要求修剪整形，以达到设计要求景观效果。

12. 建植草坪

在铺种草坪前先对绿地土壤进行杀菌、灭虫、除草处理。消毒杀菌采用45% 代森锌200 ~ 400 倍液；灭虫采用15% 呋喃丹（或低毒的3% 护地净颗粒剂）加沙的办法，灭杀地下害虫；除草采用人工除草和化学药剂除草相结合的方法，使用草甘膦 1 ∶ 500 倍液进行喷洒，从根本上清除杂草的种球和根茎。

土壤整理：深翻40cm，清除建渣、杂草及杂物，并按设计要求挖高填低，使其场地平整。

（2）土壤沉降处理：采用浇水的办法，使其种植土达到自然状态。

（3）土壤消毒杀菌杀虫：使用高锰酸钾 500 倍液浓度进行喷雾。用 5% 辛硫磷颗粒或代森锌与基肥混合均匀撒在地表，结合翻耕施入土中。

（4）施基肥：每平方米人工撒施有机肥 0.5 公斤，用钉耙使其与土壤均匀混合。

（5）土壤碎细、平整：用钉耙整细，去除建渣、杂草及杂物。

（6）满植，严格按设计要求进行。

（7）浇水：用塑料胶水管。人工均匀浇透水。

13. 浇水

栽植后，必须立即浇足定根水，使土壤颗粒与根部充分结合。2 ~ 3 天后根据天气及叶片恢复情况进行第二次复水。浇水量大小以地表刚发生径流为度，浇水时水压要求冲力要小，并且防止急注直冲，如果出现跑、漏水、土壤下降，应及时扶正苗木和培土，每次浇水渗出后要用细土封堰，种植穴内缺土应及时补充，以免蒸发和土表开裂、透风。

14．雨期栽植措施

（1）施工期间，由项目经理负责收集、发布气象资料，及时通报全体施工人员，以便安排工作及时采取措施。

（2）做好现场排洪排涝工作，配备抽水泵，随时排除施工现场积水，保证排水系统通畅。

（3）在下雨期间不应安排工人施工，雨停后要立即安排工人到现场查看，若有树木歪斜的要马上扶正并加固根部重新支撑。

（4）做好设备设施的防雨防潮处理。

以上各项工序由现场技术负责人严把质量关，严格按照规定要求执行，各工序责任人必须各负其责，分工合作，确保该绿化工程的高质量高标准。

15．反季节种植措施

植物由于本身生物特性，栽植季节性较强，大部分植物以春、秋为宜，该工程工期在冬季，可能会出现寒冷天气，部分植物会出现反季节栽培，为确保植物成活率，工期内顺利完工，特制定以下反季节栽培措施：

（1）植物运输尽量在温度较高的时间进行，避开爆冷的天气，运输的过程及卸车后采取保暖措施，用草袋盖严树根或土球，用草绳裹住径干部位。

（2）若两天内不能栽植的，要在现场假植。

（3）对于叶面比较柔弱，容易遭受霜冻的植物等，在栽植好后用用竹竿或木棒架好支架，在树冠上方搭防冻棚。

（4）修剪与疏叶相结合，以不影响植物观赏形状为前提。加大土球直径，尽量缩短移植时间，快掘、快运、快栽，尽量选择温度较高、无雨、无风的时间进行，并且定植浇足定根水后及时将水圈创平、封堰，保持土壤温度。

（5）采用生根粉剂溶液，对苗木土球根系进行涂抹和定植后喷灌，促进须根萌发生成。

（6）多组织人力，各种植工序交叉作业，抢时间、抢工期，完成植物种植。

（七）质量控制措施

园林绿化工程技术和质量管理理应做到有计划、有措施、有接待有检查、有总结，严格按照《四川省城市园林绿化技术操作规程》（DB51/50016-1998）、《城市绿化工程施工及验收规范》（CJJ/T82-99）、国家和地方现行的相关行业的技术规范及有关规定等要求施工。技术上的严格要求才能保证施工的质量。

1. 施工准备阶段的质量控制措施

研究和会审图纸及技术交底，认真听取监理工程师、总工程师、技术人员、施工人员的正确意见，弥补设计上的不足，使施工人员了解设计意图、技术要求、施工难点、施工操作要求等。

（1）做好施工组织设计，制定施工方案时，进行技术经济比较，安排施工进度时必须考虑施工顺序、施工流向、施工方法、能否保证工程质量。

（2）把好原材料、辅助材料、成品和半成品的质量检验。组织材料按计划进场，并做好保管工作。各种不同类型、不同型号的材料分别堆放整齐。

（3）施工机械设备投入使用前应检修完善，并坚持制度性的保养、检修，确保其正常使用，不得因机械故障影响工程质量。

（4）做好所需工种劳动力的调配工作、工种间的搭配，为后续工种创造合理的、足够的工作面。

2. 施工阶段的质量控制措施

（1）做好施工技术交言交底，严格按照设计图纸，施工组织设计及其他施工规范程进行施工。除建立工程质量管理保证体系外，应认真履行技术交底程序，将设计意图、设计变更、操作规程、施工工艺、技术要求、技术措施和质量标准向各级施工人员进行详细的讲解，让作业人员真正做到心领神会，施工时准确无误。这是保证创优质工程的前提和根本。

（2）质量保证技术措施：严格按建筑工程施工及验收规范、规程和设计图纸要求施工，减少和避免返工现象，抓好一次成优。

植物种植工程：严格按照《四川省城市园林绿化技术操作规程》（DB51/50016-1998）、《城市绿化工程施工及验收规范》（CJJ/T82-99）的要求施工，确保植物的成活率及景观效果。

（3）施工质量的动态控制

本工程施工质量控制应从作业班组入手，组织建立班组型全面质量管理小组，推动全工地的"TQC"活动的开展，并将此管理工程贯穿施工全过程。本工程各主要分部分项工程均有明确、具体的质量管理目标值，进行严格的动态跟踪，保证全部分部工程竣工验收时达到优良标准，并争创优质样板工程。为此，在施工全过程中，各参战施工单位应做到以下几点：

a. 保证本工程的所有分部工程、分项工程和各检查项目均无例外的达到优良等级。

b. 各施工班组均应建立和完善班组内部的自检制度，做到工程质量在班组内有控制、有检查、有记录。

c. 坚持质量检查制度，公司每月、分公司每周，项目班子每天进行一次分部分项工程的跟踪检验和验收，对不合格产品坚决推倒重来。

（4）交工验收阶段的质量控制

①要求班组实行保证本工序、监督前工序、服务后工序的自检、正经检、交接检和专业性的"中间"质量检查，对不合格工序采取必要措施，防止再次发生。

②交工验收阶段，有计划、有步骤、有重点地进行收尾工程和清理工作，通过预验收，找出漏项项目和需要修补的工程，并及早安排施工。

③做好竣工后的保护工作，以保证工程的一次性成功，避免返工。保证植物的成活。

（5）加强质量回访及维修制度

自工程竣工验收交付使用开始，严格执行建设工程的质量回访和保、维修制度，树立："用户是上帝"的思想意识，具体措施如下：

a．保修期内，每个季度进行质量回访一次，保修期外坚持每年进行质量回访一次。

b．在回访过程中，根据建设单位所提出的要求进行整改或维修。

（6）技术及质量管理措施

种植质量。乔、灌、草等严格按设计方案，定点放线，精心施工。采用定点放线后，按图纸要求每隔一定距离，呈规则长度的行距和株距，分别用竹竿截成标准尺度进行定点栽植。

①起苗。起苗时间必须与栽植时间紧密配合，做到随起随栽。起苗符合招标文件及相关绿化规范的要求。问题植物不得种植。

②修剪。植物在起苗前后进行修剪，修剪量视根系发育的疏密而定，适度修剪，达到初步整形的效果。

③包扎。严格按照本工程招标文件及相关绿化规范的要求包扎。

④装运。装运必须轻拿轻放，严守各项施工工序的原则。

a．装车前，施工人员按所需苗木的种类、规格、质量、数量认真检查核实后才能装运，同时邀请监理工程师对苗木进行初步验苗。经初步验苗合格的，才能上车装运，装运严格按照规范要求，后车厢板应垫草垫，以免擦伤树皮。

b．人工装卸苗木，苗木应轻拿、轻提、轻放，不得擦伤碰断树根、树枝、树皮。装卸车须有人提拉土球配合用力，卸车要从上往下顺次搬动。

c．运苗车辆行驶时必须慢速行驶，注意电线、障碍物，苗木上不得坐人。

⑤挖种植穴。在定点放线处开始挖穴，要求种植穴圆形平底、有回填土。种植穴的大小，以树木品种、规格及栽植地点的土壤条件而定。在土质良好的条件下，坑径比盘径或土球大30～60cm，在土质较差的情况下，除设计另外有规定外，一般坑径比盘径或土球直径大50～100cm。坑深比根系深度或土球深度深20～30cm。并且增填细土以利于根部呼吸，确保成活。

⑥客土。按设计规定对乔、灌木种植穴更换肥沃土壤，科学客土，客土为耕作层沙质壤土，有利于植物根系生长。各类植物所需的完全客土厚度为草坪等地被植物应覆盖种植土厚度大于10cm，灌木类为30cm，中高树木为60cm。普通绿地所需厚度为

30～40cm。

（7）充分理解设计意图，确保景观质量采用的措施：

①组织保证。针对本绿化工程组织了严密的施工队伍，落实责任到人，精心施工，充分理解设计者的意图，争取在最短的时间内达到景观质量要求。

②植物材料保证。严格按设计要求选苗，每个品种至少后备20%同种、同规格的标准苗，以备因机械或自然死亡的苗木，能尽快补齐。

③技术保证。力争施工方案严密、周全，确保景观质量和植株成活。

第二章　地被植物的应用

良好生态环境是人类生活不可或缺的重要成分，地被植物则在这个过程中起着非常重要的作用，由于地被植物有保持水土流失，美化环境的作用，因此给人们的生活带来了愉悦的感受。同时为了强调景观可持续发展的今天，地被植物在园林中的应用有着明显的体现，地被植物作为城市绿化建设的重要组成部分和园林造景必不可少的植物材料，在城市绿地中的应用日益突出。其品种多样性、色彩丰富性和景观季相性能将园林中的乔木、灌木、草花以及其他造景因素调和成色彩纷呈、高低错落的多层次立体植物景观。同时，地被植物亦能充分满足生态城市的需要，其强大的覆盖功能对防止水土流失、维护生态平衡、削减噪声污染起到了其他类型植物所无法替代的作用，并显著提高了园林绿地的绿量和绿化覆盖率。

第一节　我国地被植物资源及应用现状

按照中国地理区域划分方法，我国分为华北、华东、华中、华南、东北、西南、西北七个区域。其中华北、华中、华南、华东和东北五个区位于我国东部，水分比较充足，地形以平原和低山为主，自然景观的分异主要由于热量差异，及由此而引起地被植物种类的不同。这五个自然区，每一个约相当于一个热量带范围，东北区主要是温带，而寒温带在东北面积很小，故不另划一区；华北区大部分相当于暖温带，华东区大部分属于亚热带，还有部分区域属于暖温带，华中区相当于亚热带，华南区大致相当于热带。从水分条件看，自东南向东北，依次为湿润、半湿润、半干旱、干旱地区，其中干旱、半干旱地区面积约占全国面积的一半。由于纬度高低、距海远近不同，加之地形错综复杂，地势相差悬殊，致使我国气候类型多种多样。东北地区主要为湿润、半湿润温带气候区。冬季严寒而漫长，夏季较短。低温冷害和干旱是该区地被植物生长要克服的最大不利因素。华北大部分地区为半湿润暖温带气候区，部分为半干旱暖温带气候区，冬季寒冷少雨；夏季高温多雨，且暴雨较多，春旱严重。春旱和夏季降水不稳定是该区地被植物生长的制约因素。华东地区为湿润亚热带气候区，冬季湿冷，春雨较多，初夏多雨，盛夏高温伏旱，沿海夏秋有热带气旋侵袭，是该区主要气候特征。华南大部和西南部分地区也属湿润亚热带气候。冬季温和，春末至夏季多雨，但冬春时少雨干旱，影响热量的利用；西北地区主要是干旱气候区，水资源短缺是制约的主要因素。由于区域差异，地被植物应用种类有很大的不同，不同的气候条件有着不同种类的地被植物栽培资源。此次调查发现，华东华南地区地被植物应用的栽培品种较全国其他地区更为丰富，栽培品种推广应用较为广泛，华北地区可以应用的野生地被植物资源丰富，栽培品种种类也很多，但是在应用推广方面却远远不及华东华南地区。

栽培地被植物资源主要包括目前国内外用得较多的地被植物资源如：玉簪、阔叶山麦冬、石蒜、三裂膨蟆菊、地被菊、金盏菊、大花金鸡菊（美国）、四季秋海棠、地被石竹、细叶警距花等和目前已经引种驯化而初见成效，但还没有在市场上得到广泛应用和推广，仍然处于实验阶段的地被植物资源如头花蓼、荆芥、金叶过路黄、金心扶芳藤、银姬小蜡、花叶活血丹、花叶大吴风草、海石竹、赤胫散、铁筷子等。

一、华北地区栽培地被植物

1. 北京园林植物科研所主要栽培地被植物资源调查

北京园林植物科研所仅 2006 年分别从上海、辽宁、河南、天津和北京周边地区引进野生地被植物 123 种，从上海引进 54 种，从北京周边地区引进 49 种，从辽宁引进 10 种，从天津引进 11 种，从河南引进 1 种。这些野生地被植物总计 29 科，含有 2 种以上的科有 20 个，见下表。

表 2-1-1　主要栽培地被植物资源的科数统计表

科名	种数	科名	种数
菊科	20	唇形科	14
玄参科	10	毛茛科	8
百合科	8	景天科	7
禾本科	6	石蒜科	5
鸢尾科	2	桔梗科	3
蓼科	3	虎耳草科	2
报春花科	2	马鞭草科	2
柳叶菜科	2	锦葵科	2
堇菜科	3	莎草科	2
夹竹桃科	2	石竹科	2
鸢尾科	2	—	—

引种回来的植物通过繁育研究，适合在北京地区应用的植物种类有：桔梗 Platycodon grandiflorum、假龙头 Physostegia virginiana、风铃草 Campanula medium、鼠尾草 Salvia officinalis、婆婆纳 Veronica polita Pries、天人菊 Gaillardia pulchella、松果菊 &hinacea

purpurea、柳叶马鞭草 Verbena bonariensis、藿香 Agastache rugosa、皱叶剪秋萝 Lychnis sp.、耧斗菜 Aquilegia vulgaris、费菜 Sedum aizoon、吊钟柳 Penstemon campaunlatus、宿根亚麻 Linum perenne、肥皂花 Saponaria officinalis、花叶玉簪 Hosts plants ginea 'Fairy Variegata'、金娃娃萱草 Hemerocallis fuava、连钱草 Glechoma longituba、匍枝毛茛 Ranunculus repens、甘野菊 Dendranthema boreale、鸢尾 Iris tectorum、萱草 Hemerocallis fulva、马蔺 Iris lactea、景天类 Sedum、蓍草 Achilles alpina 等。2006 年园林植物科研所销售量排名前十位的地被植物分别是：鸢尾 Iris tectorum、萱草 Hemerocallis fulva、花叶玉簪 Hosts plants ginea 'Fairy Variegata'、蓍草 Achilles alpina、金娃娃萱草 Hemerocallis 'Stella deoro'、匍枝毛茛 Ranunculus repens、甘野菊 Dendranthema boreale、连钱草 Gechoma hederacea.var.longituba、景天类 Sedum 和马蔺 Iris lactea。

2. 某组培室栽培地被植物资源

某组培室近几年不仅致力于开发乡土地被植物品种，而且还不断从国外引进新的地被植物栽培品种。

（1）乡土地被植物

原产分布我国的种和品种（包括亲本原产我国，在国外选育的种和品种）一二年生地被植物有 3 种，分别是翠菊、夏堇、千日红；多年生地被植物栽培品种有夏菊、干野菊、大马齿苋、射干、细叶婆婆纳、黄芩、白屈菜、重瓣萱草、金娃娃萱草、莲子草、垂盆草、景天三七、八宝、大叶铁线莲、珠光香青、直立黄耆、长叶车前、茅苞、地涌金莲、芒、画眉草、千叶蓍、香茶菜、马蹄金、狼尾草等，阴生地被植物栽培品种有玉簪、紫萼、紫花地丁、蛇莓、荚果蕨、连钱草。并非原产我国，通过引种栽培后能够自然繁衍的种和品种，其中一二年生地被植物有百日草、半枝莲、风铃草。多年生地被植物栽培品种有矮生重瓣金鸡菊、宿根天人菊、矮生黑心菊、福禄考、玉带草、粗壮景天、德国景天、红花（白花）酢浆草、滨菊、洋地黄、美国薄荷、金叶过路黄、韭菜。阴生地被植物栽培品种有常春藤和紫露草。

（2）我国引种栽培在应用中表现良好，但不能够自然繁衍的地被植物种和品种

栽培历史在 30 年以上的地被植物种和品种有：一二年生地被植物四季秋海棠、矮牵牛、美女樱、万寿菊、彩叶草、藿香蓟；多年生地被植物天竺葵、小冠花、五色草、吊竹梅。栽培历史在 10～30 年的地被植物种和品种有：一二年生地被植物长春花、银叶菊；多年生地被植物有绵毛水苏。近几年引种栽培的地被植物种和品种有：一二年生地被植物桂圆菊、黄帝菊、五星花、矮生重瓣天人菊、地被矮牵牛；多年生地被植物栽培品种有：紫叶酢浆草、金叶薯（紫叶薯、花叶薯）、红苋、龙翅海棠、蔓生天竺葵。

自从北京申奥成功以来，为了能为奥运花卉选育新品种，某组培室通过多年栽培试验，已经从 200 多个种、700 多个品种中优选出具有抗北京夏季高温高湿的 180 多个种、300 多个品种的奥运花卉，其中包括一些优良的地被植物栽培品种，某组培室 2007 年可提供

的奥运优良地被植物栽培品种有54种，见下表，这些地被植物基本上在北京"夏季三伏"期间可以克服温度高、湿度大、暴雨多、气候条件差等不利因素，具有较高的观赏性等。

表2-1-2

序号	名称	科	属	备注
1	红花酢浆草	酢浆草科	酢浆草属	喜阳也耐阴
2	紫叶酢浆草	酢浆草科	酢浆草属	喜阳又稍耐阴
3	非洲凤仙	凤仙花科	凤仙花属	喜温暖湿润和半阴环境
4	马蹄金	旋花科	马蹄金属	喜阴湿环境
5	大花牵牛	旋花科	牵牛花属	喜阳也稍耐阴
6	圆叶牵牛	旋花科	牵牛花属	耐热耐干旱，喜阴又稍耐阴
7	羽叶茑萝	旋花科	茑萝属	耐热耐干旱
8	紫叶薯	旋花科	甘薯属	耐热喜阴
9	花叶薯	旋花科	甘薯属	耐热喜阳
10	金叶薯	旋花科	甘薯属	耐热喜阳
11	四季海棠	秋海棠科	秋海棠属	喜温暖湿润和半阴的环境
12	莲子草	苋科	莲子草属	耐热喜阳耐湿
13	红苋	苋科	血苋属	耐高温高湿
14	鸡冠花	苋科	青葙属	喜光喜干热
15	千日红	苋科	千日红属	耐热喜阳耐旱
16	百日草	菊科	百日草属	耐热喜阳耐旱
17	翠菊	菊科	翠菊属	耐高温高湿
18	藿香蓟	菊科	藿香蓟属	喜阳也稍耐阴
19	矮生重瓣天人菊	菊科	金鸡菊属	喜阳又稍耐阴，耐湿耐修剪
20	孔雀草	菊科	万寿菊属	喜阳也耐半阴
21	万寿菊	菊科	万寿菊属	喜阳较耐干旱
22	桂元菊	菊科	金钮扣属	耐热喜阳忌干旱
23	夏菊	菊科	菊属	耐热耐寒耐旱
24	旋覆花	菊科	旋覆花属	耐寒耐热喜阳
25	甘野菊	菊科	菊属	耐热耐寒耐旱，耐修剪
26	千叶蓍	菊科	蓍属	喜阳

（续表）

序号	名称	科	属	备注
27	滨菊	菊科	滨菊属	耐寒耐热喜阳耐湿，适应性强
28	矮生黑心菊	菊科	金光菊属	耐热耐寒，喜阳喜湿
29	矮生重瓣金鸡菊	菊科	金鸡菊属	耐热耐干旱喜阳又稍耐阴
30	美女樱	马鞭草科	马鞭草属	喜光喜湿润不耐寒不耐旱
31	天兰葵	牻牛儿苗科	天兰葵属	喜光线充足
32	长春花	夹竹桃科	长春花属	耐热喜阳较耐旱
33	五星花	茜草科	五星花属	喜阳不耐寒
34	细叶婆婆纳	玄参科	婆婆纳属	喜阳耐半阴
35	毛蕊花	玄参科	毛蕊花属	耐热喜阳耐旱
36	夏堇	玄参科	蓝猪耳属	耐热喜阳不耐寒
37	半枝莲	马齿苋科	马齿苋属	喜阳不耐寒
38	彩叶草	唇形科	彩叶草属	耐热喜阳，也稍耐阴，耐修剪
39	连线草	唇形科	活血丹属	喜阴湿、阳处亦能生长
40	黄芩	唇形科	黄芩属	耐寒耐热，喜阳又耐阴
41	鸢尾	鸢尾科	鸢尾属	喜光耐干旱
42	垂盆草	景天科	景天属	喜光喜半阴耐旱
43	紫花地丁	堇菜科	堇菜属	喜半阴耐寒耐旱
44	八宝	景天科	景天属	喜光喜半阴耐旱
45	费菜	景天科	景天属	性喜强光和干燥
46	玉带草	禾本科	䕡草属	喜阳又耐半阴
47	玉簪	百合科	玉簪属	耐寒喜阴湿
48	重瓣萱草	百合科	萱草属	耐热耐寒，喜阳也耐半阴
49	金娃娃萱草	百合科	萱草属	喜光耐半阴耐寒
50	福禄考	花荵科	福禄考属	喜光耐半阴耐寒
51	蛇莓	蔷薇科	蛇莓属	喜阴
52	芸香	芸香科	芸香属	耐寒耐热耐旱
53	紫露草	鸭跖草科	紫露草属	喜温暖半阴环境
54	大马齿苋	马齿苋科	马齿苋属	喜阳耐旱

二、华东地区栽培地被植物

华东地区包括沿东海一带的山东、江苏、上海、浙江、福建四省一市，再加上完全不靠海的安徽和江西两省组成。另外算上台湾地区，一共应该是七省一市，八个省级行政区域。

根据调查地被植物的田间性状和表现，结合《地被植物评价标准研究》（余莉、任爽英、董丽，2005）对地被植物的植株自然高度、生育周期、地上部分生长期、茎的类型和观赏价值进行综合评价后推荐10种在华东地区具有良好发展前景的地被植物栽培品种。

铁筷子，Helleborus thibetanus Franch 毛茛科铁筷子属植物，常绿多年生草本，花紫红色，耐阴性强，适合做阴湿的开花地被植物。

赤颈散 Polygonaceae runcinatum Buch. 蓼科蓼属，多年生草本，耐寒喜光耐阴，忌强阳光照射或过阴，喜湿润土壤，匍匐性极强，花叶果俱美，栽于路缘。

千叶兰 Muehlewbeckia complera 蓼科千叶兰属，多年生常绿灌木。植株匍匐丛生或呈悬垂状生长，细长的茎红褐色。其株形饱满，枝叶婆娑，具有较高的观赏价值，原产新西兰，习性强健，喜温暖湿润的环境，在阳光充足和半阴处都能正常生长，具有较强的耐寒性。

斑点吴风草 Farfugium japonica 'Aureo ~ maculata'（花叶大吴风草）菊科大吴风草属，多年生常绿草本，生于林下或林边阴湿地，溪沟边，石崖下，原产我国。

丛生福禄考 Phlox subulata 花荵科，天蓝绣球属，原产美国。株高8～10厘米，枝叶密集，匍地生长，花期5～12月，第一次盛花期4～5月，第二次花期8～9月，延至12月还有零星小花陆续开放。它是福禄考品系中一个独特的品种。丛生福禄考以其花期长，绿期长（330～360天）颇受群众青睐，可替代传统草坪，是良好的地被植物。其花朵繁多，而且花期长，颜色鲜艳，颇具芳香，观赏价值极高。因枝叶沿地面生长，短期内可覆盖地面，由于叶片为细小针叶，叶表为蜡质，茎木质化，大大减少水分蒸发。由于它耐旱，所以用水比较少，缺水城市可以用它来替代传统草坪，盛花时如一片粉红色地毯。可大面积种植在平地、坡地或垂悬在墙上。在日本被誉为"铺地之樱"，与樱花齐名。在我国被俗称为"开花的草坪"，是替代传统草坪的良好开花地被。

速铺扶芳藤 Euonymus fortunei 'Dart's Blanket' 卫矛科卫矛属，为常绿藤本植物，茎可达10米，并能随处生根，常匍匐或攀缘于山石，花架或墙壁及树上，有极强的攀附能力。枝条生长茂密，叶色油绿，有较浅的叶脉，入秋叶色变红，冬季呈红褐色，可为园林的秋冬景色增添光彩。速铺扶芳藤为多年生植物，生长快，耐修剪。它的匍匐茎具有很强的繁殖更新能力，在轻度践踏下不易损坏，植物群落相当稳定，故一次栽植可多年利用。

金叶过路黄 Lysimachia nummularia 'Aurea'，报春花科珍珠菜属，多年生常绿草本植物，株高约5厘米，茎匍匐生长，叶金黄色，卵圆形，喜光，在上海可以露地越冬，优良的彩叶地被植物。

吉祥草 Reineckea carnea 百合科吉祥草属，常绿多年生草本，根状茎匍匐于地下及地上，带绿色，亦间有紫白色者，径达5毫米，有节，节上生须根。喜温暖湿润，宜在半阴处生长，是优良地被植物。

银瀑马蹄金 Dichondra argentea 'Silver Falls' 旋花科马蹄金属，不耐寒，但耐荫，抗旱性一般，适于细质、偏酸、潮湿、肥力低的土壤，不耐紧实潮湿的土壤，不耐碱；具有匍匐茎可形成致密的草皮，生长有侵占性，耐一定践踏、耐阴湿。

金叶景天 Sedum 'Aurea' 景天科景天属，茎匍匐生长，节间短，分枝能力强，丛生性好。性喜光，耐寒，耐半阴，忌水涝，病虫害少，管理粗放，是一种优良的彩叶地被植物。

三、华中地区常用的栽培地被植物

华中地区包括湖南、湖北和河南省，从气候条件看，华中地区属于中亚热带地区，冬温夏热、四季分明、降水丰沛、季节分配比较均匀。适合华中地区应用的栽培地被植物有38种，见下表。

表 2-1-3　华中地区常用的栽培地被植物名录

序号	名称	科	属	习性
1	玉簪	百合科	玉簪属	耐阴
2	萱草	百合科	萱草属	喜阳耐干旱
3	玉竹	百合科	黄精属	喜凉爽阴湿环境
4	沿阶草	百合科	沿阶草属	喜阴耐湿，耐寒
5	一叶兰	百合科	蜘蛛抱蛋属	喜温暖湿润的环境，忌严寒
6	阔叶麦冬	百合科	麦冬属	喜荫蔽潮湿
7	吉祥草	百合科	吉祥草属	喜温暖湿润，耐半阴
8	葱兰	石蒜科	葱兰属	喜阳也耐半阴
9	石蒜	石蒜科	石蒜属	耐半阴耐曝晒
10	鸢尾	鸢尾科	鸢尾属	喜光耐干旱
11	酢浆草	酢浆草科	酢浆草属	喜荫，湿润环境
12	马蹄金	旋花科	马蹄金属	喜阴湿环境
13	菖蒲	天南星科	菖蒲属	喜湿润，荫蔽
14	石菖蒲	天南星科	菖蒲属	喜湿润，荫蔽
15	白三叶	豆科	三叶草属	耐热耐寒且耐阴
16	紫茉莉	紫茉莉科	紫茉莉属	喜阳稍耐阴
17	细叶美女樱	马鞭草科	马鞭草属	喜光不耐寒
18	石竹	石竹科	石竹属	阳性植物喜强光
19	肥皂花	石竹科	肥皂花属	喜温暖湿润

(续表)

序号	名称	科	属	习性
20	五彩石竹	石竹科	石竹属	阳性植物喜强光
21	半枝莲	马齿苋科	马齿苋属	喜高热阳光充足,高热的环境
22	马齿苋	马齿苋科	马齿苋属	喜阳耐旱,好高温,耐瘠薄
23	二月兰	十字花科	诸葛菜属	耐阴耐寒
24	常春藤	五加科	常春藤属	耐阴喜温暖湿润,不耐涝稍耐寒
25	络石	夹竹桃科	络石属	耐寒耐热耐高温喜弱光
26	花叶长春蔓	夹竹桃科	蔓长春花属	喜温暖湿润,耐半阴
27	旱金莲	旱金莲科	旱金莲属	喜温暖湿润,忌水涝
28	海栀子	茜草科	栀子花属	喜光耐半阴
29	虎耳草	虎耳草科	虎耳草属	喜半阴湿润,不耐高温,忌强光照,常绿草本
30	蛇莓	蔷薇科	蛇莓属	性喜阴
31	连线草	唇形科	活血丹属	喜阴湿、阳处亦能生长
32	垂盆草	景天科	景天属	喜光喜半阴耐旱
33	费菜	景天科	费菜属	喜阳耐干旱
34	地被菊	菊科	菊属	喜阳也耐半阴
35	扶芳藤	卫矛科	卫矛属	常绿藤本耐阴
36	岩生水苦荬	玄参科	婆婆纳属	耐干旱
37	匍匐金丝桃	金丝桃科	金丝桃属	喜光又耐阴
38	菲白竹	禾本科	赤竹属	常绿草本,喜光耐半阴

四、华南地区常用的栽培地被植物

华南地区主要指广东、广西、海南等省。这一地区地跨中亚热带、南亚热带和热带地区,自然景观十分丰富,温暖湿润的气候一直居于主导地位,高温多雨,光照充足,降水丰沛,地貌复杂,植被旺盛。华南地区地被植物极为丰富,并且具有热带、亚热带植物的特色。此次调查了广州黄花岗公园、广州云台公园、深圳仙湖植物园、深圳园博园等,共总结出常用的栽培地被植物 70 种,见下表。

表 2-1-4 华南地区常用的栽培地被植物名录

序号	名称	科	属	习性
1	翠云草	卷柏科	卷柏属	喜温暖湿润
2	肾蕨	肾蕨类	肾蕨属	喜半阴多湿
3	细叶萼距花	千屈菜科	萼距花属	喜光也耐半阴
4	紫雪茄花	千屈菜科	萼距花属	喜高温多湿
5	红背桂	大戟科	土沉香属	不耐寒耐半阴忌阳光曝晒
6	变叶木	大戟科	变叶木属	喜高温高湿
7	姜花	姜科	姜属	喜半阴高温多湿
8	红花酢浆草	酢浆草科	酢浆草属	喜阳也耐阴
9	地毯	野牡丹科	野牡丹属	喜阳也耐阴
10	蚌兰	鸭跖草科	紫背万年青属	喜半阴湿润的环境，怕曝晒
11	小蚌兰	鸭跖草科	紫背万年青属	喜光也耐阴，怕曝晒
12	金道蚌花	鸭跖草科	紫背万年青属	喜光也耐阴，怕曝晒
13	紫叶鸭趾草	鸭趾草科	紫叶鸭趾草属	喜温暖湿润
14	吊竹梅	鸭趾草科	吊竹梅属	喜温暖耐半阴
15	鱼腥草	三白草科	蕺菜属	喜湿润，耐阴
16	络石	夹竹桃科	络石属	耐寒耐热耐高温喜弱光
17	花叶冷水花	荨麻科	冷水花属	性喜温暖湿润
18	三裂蟛蜞菊	菊科	蟛蜞菊属	喜光耐旱不耐寒
19	一叶兰	百合科	蜘蛛抱蛋属	喜温暖湿润的环境，忌严寒
20	星光一叶兰	百合科	蜘蛛抱蛋属	喜温暖湿润的环境，忌严寒
21	嵌玉蜘蛛抱蛋	百合科	蜘蛛抱蛋属	喜温暖湿润的环境，忌严寒
22	土麦冬	百合科	麦冬属	喜阴忌直射阳光
23	吉祥草	百合科	吉祥草属	喜阳也耐半阴
24	假金丝马尾	百合科	沿阶草属	喜阳也耐半阴
25	金边万年青	百合科	万年青属	喜阴湿环境
26	银边万年青	百合科	万年青属	喜阴湿环境
27	玉簪	百合科	玉簪属	耐阴
28	萱草	百合科	萱草属	喜光耐半阴耐寒

（续表）

序号	名称	科	属	习性
29	阔叶山麦冬	百合科	山麦冬属	喜荫蔽潮湿
30	天门冬	百合科	天门冬属	喜光耐寒耐旱
31	白蝴蝶	天南星科	禾果芋属	喜高温多湿半阴
32	石菖蒲	天南星科	菖蒲属	喜湿润，荫蔽
33	水鬼蕉	石蒜科	水鬼蕉属	喜温暖多湿
34	蜘蛛兰	石蒜科	水鬼蕉属	喜温暖多湿
35	石蒜	石蒜科	石蒜属	耐半阴闹曝晒
36	黄花石蒜	石蒜科	石蒜属	喜阳也耐半阴
37	葱兰	石蒜科	葱兰属	喜阳也耐半阴
38	节节草	木贼科	木贼属	生于溪边、湿地
39	垂盆草	景天科	景天属	喜光喜半阴耐旱
40	虎耳草	虎耳草科	虎耳草属	喜半阴湿润，不耐高温，忌强光照，常绿草本
41	三色竹芋	竹芋科	竹芋属	性喜高温高湿
42	大叶仙茅	仙茅科	仙茅属	耐阴
43	金边六月雪	茜草科	六月雪属	性喜半阴畏烈日，萌芽力强
44	地被月季	蔷薇科	蔷薇属	喜阳耐寒
45	三点金	豆科	山蚂蝗属	耐阴
46	蔓花生	豆科	蔓花生属	耐阴性强
47	丁葵草	豆科	丁葵草属	—
48	地果	桑科	榕属	喜光耐高温
49	常春藤	五加科	常春藤属	耐阴，喜温暖，稍耐寒，喜湿润，不耐涝
50	洋常春藤	五加科	常春藤属	耐阴，喜温暖
51	紫金牛	紫金牛科	紫金牛科	喜荫蔽，忌阳光直射
52	长春花	夹竹桃科	长春花属	喜温暖不耐寒
53	花叶蔓长春花	夹竹桃科	蔓长春花属	喜温暖湿润，耐半阴
54	过路黄	报春花科	珍珠菜属	喜阳光
55	半边莲	桔梗科	半边莲属	喜潮湿耐旱

（续表）

序号	名称	科	属	习性
56	马蹄金	旋花科	马蹄金属	喜阴湿环境
57	彩叶草	唇形科	鞘蕊花属	喜阳不耐阴
58	薄荷	唇形科	薄荷属	喜光耐半阴
59	黄金榕	桑科	榕属	喜光耐半阴
60	圆叶红苋	苋科	圆叶苋属	喜阳稍耐半阴
61	红绿草	苋科	莲子草属	喜阳稍耐半阴
62	红龙草	苋科	莲子草属	喜阳稍耐半阴
63	花叶假连翘	马鞭草科	假连翘属	喜光耐半阴
64	金叶假连翘	马鞭草科	假连翘属	喜光耐半阴
65	细叶美女樱	马鞭草科	马鞭草属	喜光耐高温
66	西瓜皮椒草	胡椒科	豆瓣绿属	喜温暖、多湿及半阴环境
67	豆瓣绿	胡椒科	豆瓣绿属	喜半阴耐干旱
68	金栗兰	金栗兰科	金栗兰属	喜阴喜温暖多湿
69	三裂蟛蜞菊	菊科	蟛蜞菊属	喜光耐湿耐旱
70	灰莉	马钱科	灰莉属	喜温暖

五、东北常用的栽培地被植物

东北地区包括辽宁、吉林和黑龙江三省，东北地区主要为湿润、半湿润温带气候区。冬季严寒而漫长，夏季较短。大部分地区年气温温差40℃，月温差11～15℃，冬季和早春寒潮多，气温低，寒期长，东北地区的平均气温在0℃及以下的寒期时间长，一般在4～6个月。适合东北地区推广应用的栽培地被植物主要有22种，见下表。

表2-1-5　东北地区常用的栽培地被植物

序号	名称	科	属	习性
1	紫萼	百合科	玉簪属	耐寒、喜阴
2	萱草	百合科	萱草属	喜阳耐干旱
3	砂地柏	柏科	圆柏属	矮灌木，喜阳
4	五叶地锦	匍匐科	爬山虎属	木质藤木，喜阳
5	荷兰菊	菊科	紫菀属	喜阳
6	石碱花	石竹科	肥皂花属	喜阳

序号	名称	科	属	习性
7	白三叶	豆科	三叶草属	耐热耐寒且耐阴
8	八宝	景天科	八宝属	喜阳耐干旱
9	费菜	景天科	费菜属	喜阳耐干旱
10	宿根福禄考	花荵科	福禄考属	喜阳
11	南蛇藤	卫矛科	南蛇藤属	喜阳
12	射干	鸢尾科	射干属	喜阳耐干旱耐寒
13	唐菖蒲	鸢尾科	唐菖蒲属	喜阳耐干旱耐寒
14	马蔺	鸢尾科	鸢尾属	喜光耐寒耐践踏
15	聚合草	紫草科	聚合草属	喜温暖湿润抗寒
16	委陵菜	蔷薇科	委陵菜属	喜阳耐寒
17	莓叶委陵菜	蔷薇科	委陵菜属	喜阳
18	鹅绒委陵草	蔷薇科	委陵菜属	喜阳耐寒不耐旱
19	东方草莓	蔷薇科	草莓属	喜阳
20	紫花地丁	堇菜科	堇菜属	喜光也耐半阴
21	紫斑风铃草	桔梗科	风铃草属	耐寒耐半阴
22	连线草	唇形科	活血丹属	喜阴湿、阳处亦能生长

六、西南地区常用的栽培地被植物

西南地区包括重庆市、四川省、贵州省、云南省、西藏自治区。该区受印度洋气流的影响很大，具有南亚热带季风气候特点，特别是云贵高原，降水具有明显的季节差异，每年11月至翌年4月为旱季，几乎没有降雨，很多草木为之枯黄；5～10月为雨季，经常是阴雨连绵、云遮雾罩，如贵州就以"天无三日晴，地无三尺平"著称。此次调查了成都活水公园、成都杜甫草堂、成都望江楼公园、昆明世博园，共有适合西南地区推广应用的栽培地被植物56种，见下表。

表 2-1-6　西南地区常用的栽培地被植物科属习性

序号	名称	科	属	习性
1	吊兰	百合科	吊兰属	性喜温暖湿润及半阴
2	金边吊兰	百合科	吊兰属	性喜湿润及半阴
3	银心吊兰	百合科	吊兰属	性喜温暖湿润及半阴

（续表）

序号	名称	科	属	习性
4	天门冬	百合科	天冬门属	不耐寒较耐旱，也较耐阴，忌烈日直晒
5	沿阶草	百合科	沿阶草属	喜阴耐湿，耐寒
6	阔叶沿阶草	百合科	沿阶草属	喜荫耐湿，耐寒
7	假金丝马尾	百合科	沿阶草属	喜阳也耐半阴
8	万寿竹	百合科	万寿竹属	喜温暖湿润耐阴
9	百子莲	百合科	百子莲属	喜温暖湿润，喜半阴，忌积水
10	土麦冬	百合科	麦冬属	常绿宿根草木喜阴湿
11	紫萼	百合科	玉簪属	耐寒喜阴
12	鹭鸶兰	百合科	鹭鸶兰属	耐阴耐干旱
13	蜘蛛抱蛋	百合科	蜘蛛抱蛋属	甚耐阴，喜湿润
14	吉祥草	百合科	吉祥草属	喜温暖湿润，耐半阴
15	黄精	百合科	黄精属	喜阴耐寒怕干旱
16	天竺葵	牻牛儿苗科	天竺葵属	喜光线充足
17	常春藤	五加科	常春藤属	喜阴喜温暖温润不耐涝稍耐寒
18	花叶长春蔓	夹竹桃科	蔓长春花属	喜温暖湿润，耐半阴
19	长春蔓	夹竹桃科	蔓长春花属	喜温暖湿润，耐半阴
20	长春花	鸢尾科	鸢尾属	耐热喜阳较耐旱
21	蝴蝶花	鸢尾科	鸢尾属	耐阴湿不耐炎热
22	马蔺	鸢尾科	鸢尾属	喜光耐寒耐践踏
23	鸢尾	鸢尾科	鸢尾属	喜光耐干旱
24	扁竹兰	鸢尾科	射干属	常绿耐阴地被
25	凤尾蕨	凤尾蕨科	凤尾蕨属	喜阴湿环境
26	鸟巢蕨	铁角蕨科	铁角蕨属	喜阴湿环境
27	唐松草	毛茛科	唐松草属	喜阳又耐半阴
28	仙茅	仙茅科	仙茅属	耐阴
29	大叶仙茅	仙茅科	仙茅属	耐阴
30	丛生福禄考	花葱科	福禄考属	常绿抗热且耐寒
31	蝇子草	石竹科	蝇子草属	林下溪滩、路旁
32	翠云草	卷柏科	卷柏属	喜温暖湿润

（续表）

序号	名称	科	属	习性
33	卷柏	卷柏科	卷柏属	喜温暖湿润
34	岩白菜	虎耳草科	岩白菜属	喜湿润半阴环境
35	金边龙舌兰	龙舌兰科	龙舌兰属	常绿，喜光线充足的环境
36	紫萁	紫萁科	紫萁属	喜阴湿环境
37	镜面草	荨麻科	冷水花属	喜明亮的散射光
38	地不容	防己科	千金藤属	喜阴湿
39	过路黄	报春花科	珍珠菜属	喜阳光
40	银边草	禾本科	燕麦草属	喜阳耐寒抗寒
41	红花石蒜	石蒜科	石蒜属	耐半阴耐曝晒
42	蜘蛛兰	石蒜科	蜘蛛兰属	性喜温暖湿润，阳光充足
43	葱兰	石蒜科	葱兰属	喜阳也耐半阴
44	鸭跖草	鸭跖草科	鸭跖草属	喜温暖湿润
45	紫叶鸭跖草	鸭跖草科	紫锦草科	喜温暖湿润
46	酢浆草	酢浆草科	酢浆草属	喜荫，湿润环境
47	垂盆草	景天科	景天属	喜光喜半阴耐旱
48	薄荷	唇形科	薄荷属	喜阳耐热耐寒
49	野芝麻	唇形科	薄荷属	喜阳耐热耐寒
50	萼距花	千屈菜科	萼距花属	喜光也耐半阴
51	金叶假连翘	马鞭草科	假连翘属	喜强阳光也耐半阴，耐旱
52	板凳果	黄杨科	板凳果属	耐阴忌日晒，喜湿润耐寒
53	红背桂	大戟科	土沉香属	不耐寒耐半阴忌阳光曝晒
54	心叶藿香蓟	菊科	藿香蓟属	喜阳，可大量自播繁衍
55	东方草莓	蔷薇科	草莓属	喜阳
56	珍珠鹿蹄草	鹿蹄草科	鹿蹄草属	耐阴

七、西北地区常用的栽培地被植物

西北地区包括陕西省、甘肃省、青海省、宁夏回族自治区、新疆维吾尔自治区。该区气候恶劣，降雨稀少，大部分位处欧亚大陆腹地，气候为温带、寒温带气候，光热资源丰富，干燥少雨，蒸发强烈，属于干旱半干旱地区。全区多年平均降雨量为235mm。降水年内分配不均，一般连续最大四个月降水占全年降水量的 40 ~ 70% 干旱区达 80% 以上。
全区多年平均蒸发量高达 1000 ~ 3000mm 之间。西北地区由于气候干旱少雨，西北风盛行，
加之黄土高原分布面积广、厚度大，沙漠众多，自然植被以草为主，较为薄弱，可以在西
北地区推广应用的栽培地被植物主要有 24 种，见下表。

表 2-1-7　西北地区常用的栽培地被植物名录

序号	名称	科	属	习性
1	唐古特莸	马鞭草科	莸属	耐寒耐旱耐瘠薄
2	蕨麻委陵菜	蔷薇科	委陵菜属	稍耐阴
3	黄花补血草	白花丹科	补血草属	耐寒抗旱耐瘠薄
4	半卧狗娃花	菊科	狗娃花属	耐寒耐旱耐瘠薄
5	荷兰菊	菊科	紫菀属	喜阳光充足，通风良好环境。耐寒，耐旱，耐贫瘠
6	绿化菊	菊科	菊属	喜光耐旱，耐寒忌水涝
7	天蓝韭	百合科	葱属	耐寒耐旱
8	萱草	百合科	萱草属	喜阳耐干旱
9	玉簪	百合科	玉簪属	耐阴
10	金娃娃萱草	百合科	萱草属	喜光耐半阴耐寒
11	白三叶	豆科	三叶草属	耐热耐寒且耐阴
12	紫花苜蓿	豆科	苜蓿属	耐热耐寒且耐阴
13	百脉根	豆科	百脉根属	喜光瘠薄
14	红车轴草	豆科	三叶草属	喜温良湿润气候
15	马蔺	鸢尾科	鸢尾属	喜光耐寒耐践踏
16	鸢尾	鸢尾科	鸢尾属	喜光耐干旱
17	宿根福禄考	花荵科	福禄考属	耐寒喜光，忌炎热多雨
18	丛生福禄考	花荵科	天蓝绣球属	耐寒，极耐旱，喜光稍耐阴
19	地被石竹	石竹科	石竹属	喜阳耐寒
20	扶芳藤	卫矛科	卫矛属	喜温暖耐阴耐寒
21	百里香	唇形科	百里香属	喜光喜干燥，常绿草本
22	旱金莲	旱金莲科	旱金莲属	喜温暖湿润，忌水涝
23	金山绣线菊	蔷薇科	绣线菊属	喜光不耐阴
24	金线石菖蒲	天南星科	菖蒲属	喜湿润和半阴环境，较耐寒

第二节　因地制宜配置地被植物

地被植物的合理配置关系到整个园林绿化的水平，每种地被植物都有观赏效果好和差的时期，种植时合理搭配，可大大提高观赏价值，从而提高地被植物造景水平。

一、因地制宜配置地被植物

充分了解种植地的立地条件和所用地被植物的特性是合理配置的前提。立地条件是指种植地的气候特征、土壤理化性状，光照强度，湿度等。地被植物的特性包括形态学特性和生物学特性。

常绿树(如桂花，广玉兰，香樟)下地被植物的配置，是近年来园林界一致公认的难题。这些地方郁闭度较高(有的地方照度只有100lx～200lx)，草坪草生长不良，常造成空秃。西湖风景名胜区在这些区块种植常春藤，吉祥草、沿阶草，白蝴蝶，大吴风草、匍枝亮绿忍冬、臭牡丹、小叶扶芳藤等地被植物，它们生长强健，覆盖密繁，抑制了杂草的生长，节省了管理成本，提高了景观效果。

征阴湿处可种植玉簪类，虎耳草，万年青、宽叶韭，鱼腥草等地被植物。它们在全光照下反而生长不好，表现为生长停滞，叶发黄，叶边缘枯死，影响景观效果。

疏林下种植佛甲草，春季茎叶碧绿，5月盛花期，黄花点缀在密集交错的绿叶中，像绿色的地毯上绣着朵朵鲜花，冬季泛红的茎叶别有情趣，佛甲草是一种值得大力推广应用的常绿开花地被植物，在杭州地区适应性好，无病虫害。八仙花在疏林下生长很好，开花时节，犹如花的海洋，令人陶醉。泽八仙稍做修剪也是一种不错的疏林地被。5月蓝色的花朵开满枝头，给人一种宁静安逸的美。疏林中可配置的地被植物种类非常多，如蔓长春花、石蒜、八宝、费菜、凹叶景天、垂盆草、千叶兰等等。

疏林中光线较好处，一般开花较多的地被植物都可以种植，如鸢尾类、萱草类、大金鸡菊、蔓锦葵、剪夏罗等。

林缘可用金叶亮绿忍冬、金山绣线菊、金叶小檗、金脉忍冬等色彩亮丽的小灌木、小藤本活跃气氛。花朵美丽的矮紫薇、布什绣线菊、日本绣线菊、茶梅、月季、染料木等也常被采用。多年生色叶草本地被植物如玉带草、金边阔叶山麦冬、银边沿阶草，金叶苔草、紫叶酢浆草同样为林缘增加了绚丽的色彩。在林缘也可布置宿根花卉，多年生常绿草本。亚灌木组成美丽的图案或各式各样的花境，一些孤植或丛植的乔木下，沿阶草、阔叶山麦冬、大吴风草、佛甲草等常绿地被植物可用作基部种植，营造自然风光。高大乔木下的藤本类植物薜荔、络石、小叶扶芳藤、扶芳藤、常春藤等长势强健，顺着主干向上攀缘，增添了树木的遒劲古朴。一些疏林草地上，许多耐阴开花的野生地被植物老鸦瓣、蒲公英、小毛茛、毛茛、蛇霉、囊吾、蚤陵菜、紫花地丁、活血丹、紫堇、刻叶紫堇、黄堇等自成群落，花期长，终年常青，有着天然的野趣，有着协调的生命力，在此人们能最大限度地参与自然，营造出特有的情趣、野趣、生趣，情趣和谐共存时，人和自然也就达成了某种默契。

花架、边坡、坡地、假山上可布置一些耐贫瘠，覆盖率高，扩展能力强的多年生草本，攀缘或悬垂的地被植物，如何首乌、川鄂爬山虎、小叶扶芳藤、香花崖豆藤、木香、腺萼南蛇藤、华东葡萄等，一年四季变换着不同的景色。

一些水湿生地被植物，如天胡荽、银边金钱蒲、石菖蒲、苔蒲、千屈菜、溪荪、黄菖蒲、玉蟫草、旱伞草等则常常使灵动的水体增添美丽的色彩。

岩石上可配置虎耳草、络石、薜荔、匍匐南芥、蕨类植物等岩生地被植物。台阶、石隙间种植石蒜类、阔叶山麦冬等，刻叶紫堇、珠芽尖距紫堇等也常给石砾、岩隙带来生气。

一些中心绿地，可应用的地被植物种类更是丰富多彩。杭州植物园南门至灵峰探梅的东西向园路两侧种植了大量的金叶过路黄、佛甲草、银边金钱蒲、小叶扶芳藤、花叶蔓长春花等地被植物，并恰到好处地配植了石蒜属植物，花开时，各种配置各有韵味。

二、高度搭配适当

地被植物是园林绿化人工植物群落的最下层，起衬托作用，突出上层乔、灌木，并与上层错落有致地组合，使其群落层次分明。上层乔、灌木分枝点较高，种类较少，可选择植株较高的地被植物，如八角金盘、杜鹃类、洒金珊瑚、阔叶十大功劳、长柱小檗、湖北十大功劳、金丝桃类、金叶莸、绣线菊类、泽八仙（修盼）、八仙花园艺品种、臭牡丹、水鬼蕉等，在林下种植灌木类地被植物，要注意植株间的距离。目前，在一些园林绿化项目中，灌木地被植物成片密集种植，造成植株生长不良甚至成片枯死，影响了园林景观.上层植株分枝点较低，则应用小叶扶芳藤、欧亚活血丹、活血丹、蔓长春花、多花筋骨草等匍匐生长的种类，也要考虑种植地面积的大小，种植地开阔，上层乔灌木稀疏，可配置较高的地被植物如鸢尾类，萱草类等；种植地面积小，则应配置较矮的品种如佛甲草、大叶过路黄、金叶过路黄等。

三、色彩搭配谐调

地被植物与上层乔灌木配置时，要注意色彩的搭配。上层乔灌木为落叶树时，林下可选择一些常绿的地被植物种植，杭州植物园在灵峰的梅林下种植小叶扶芳藤、蔓长春花、多花筋骨草、金边阔叶山麦冬等；上层乔灌木为常绿树时，可选用耐阴性强、花色明亮、花期较长的种类，如玉簪、紫萼、臭牡丹、八仙花、蔓长春花等，达到丰富色彩的目的。上层乔灌木为开花植物或秋色叶树种时，下层种植的地波植物的花期和色彩应与之呼应。地被植物的种类很多，它们有不同的叶色、花色、果色，在不同的季节显出不同的效果。叶色深绿的沿阶草、常春藤等；黄色的金叶过路黄、金山绣线菊等；紫红色的紫叶酢浆草、紫锦草等；白色花叶的银边沿阶草、花叶野芝麻等；黄红相间的花叶鱼腥草；黄色花叶的金边阔叶麦冬、金脉大花美人蕉；花色五彩缤纷的鸢尾属植物，石蒜属植物等；开白花的白花酢浆草、水栀子等；粉红花的红花酢浆草、八宝；开红花的火星花，剪夏罗等；开蓝花的多花筋骨草、蔓长春花；紫红花的垂花葱、美国薄荷；黄花的亚菊、委陵菜等；结红果的蛇莓；紫金牛；黄果的黄果金丝挑。不同色彩的地被植物成片栽植，与上层乔灌木相配合，丰富了群落层次，增添了景现效果。地被植物间的混合种植，同样可提高观赏效果。

白穗花与天胡荽、鸢尾类与金叶景天、石蒜类与金叶过路黄或垂盆草、紫叶酢浆草与吉祥草或金叶过路黄相间种植都是不错的选择。诸葛菜、紫茉莉混种，诸葛菜耐严寒，紫茉莉耐酷暑，前者 2～5 月开紫红色的花，后者 6～10 月开淡紫色的花，延长了现花期，保持了四季常绿的景观；葱兰和韭兰混合栽植，葱兰花期 5～11 月，开白花，韭兰花期 6～10 月开红花，开花时红白相间十分美丽。

如何合理地配置地被植物，达到景观效益与生态效益的统一，是一门很深的学问。目前国内这方面的研究较少，大量的工作仍需园林植物研究工作者来做。

第三节　草坪与地被植物的园林应用

一、园林地被植物应用概述

（一）园林地被植物的分类

园林地被植物大部分是在实际应用中，从野生植物群落中挑选出来的，也包括采用育种技术培育而成的新品种，或者从国外引入的优良地被植物。

（1）按覆盖性质区分

活地被植物：植株低矮，生长致密的植物群落，能覆盖地表面，还能丰富植物的层次，增添景色。

死地被植物：又称"非生物层"。例如粉碎后的树皮、碎木片、枯枝落叶等，以适当的厚度铺设在大树下或林丛、果园里，它既不影响人们的正常生活，又能保护表土层不被冲刷，还能避免尘土飞扬。

（2）按生态习性区分

阳性地被植物：在全日照的空旷地上生长，只有在阳光充足的条件下才能正常生长，花叶茂盛。在半阴处则生长不良，在避荫处种植，则会自然死亡的如甘菊、鸢尾、过路黄等。

阴性地被植物：在建筑物密集的阴影处，或郁闭度较高的树丛下生长。在日照不足的阴处才能正常生长，在全日照条件下，反而会叶色发黄，甚至叶的先端出现焦枯等不良现象。如虎耳草、东方草莓、点地梅、翠云草、玉簪、紫萼等。

半阴性地被植物：一般在稀疏的林下或林缘处，以及其他阳光不足之处生长。此类植物在半阴处生长良好，在全日照条件下及阴影处均生长欠佳。如鹭鸶草、石蒜、天门冬、山荞麦等。

（3）按观赏特点区分

常绿地被植物：四季常青，没有明显的休眠期，如沙地柏、天门冬、吉祥草、宽叶麦冬、沿阶草、吊兰等。

观叶地被植物：有特殊叶色与叶姿的低矮植物，如一叶兰、金叶假连翘、小蚌花、大吴风草等。

观花地被植物：花期长，花色艳丽，在开花期，能以花取胜的低矮植物。如葱兰、地被菊、红花醉浆草、石蒜、石竹、玉簪等。

（4）按地被植物种类区分

草本地被植物：草本地被植物在实际应用中最广泛，其中又以多年生宿根、球根类草本最受欢迎。如鸢尾、葱兰、麦冬、水仙石蒜等。有些 1～2 年生草本地被，如孔雀草、二月兰、紫花地丁、矮波斯菊，因具有自播繁衍能力，连年萌生，持续不衰，同样起到宿根草本地被的作用。

藤本地被植物：此类植物一般多作垂直绿化应用。在实际应用中，有不少木本藤本和草质藤本，被用作地被性质栽植，效果也甚佳。如洋常春藤、地锦、连钱草、金银花、络石等。

蕨类地被植物：蕨类植物如荚果蕨、铁线蕨、凤尾蕨等大多数喜阴湿环境，是园林绿地林下的优良耐荫地被材料，虽然目前应用尚不多见，随着经济建设的发展，会被更多地加以利用。

竹类地被植物：竹类资源中，茎干比较低矮，养护管理粗放的可以用作地被植物，如楼竹、菲白竹、菲黄竹、凤尾竹等。

矮灌木地被植物：在矮性灌木中，尤其是一些枝叶特别茂密、丛生性强，有些甚至呈匍匐状、铺地速度快的植物或是极耐修剪能控制其高度植物。如平枝构子、地被月季、微型月季、细叶粤距花、龟甲冬青、小叶黄杨、大叶黄杨等。

（5）按照其使用性能分为

灌木型地被：主要由灌木构成，多用于山坡、河滩荒地、沙荒地、河湖坡岸或是大型厂矿的场院中，起护岸固坡、固沙、防止水土流失的作用，有时在风景区也可因其艳丽的色彩起到观赏效果。

装饰型地被：主要起装饰作用，常设计在建筑物的附近、道路两旁或是广场的周围，形成面积不太大、封闭式的绿地。这类植物种类多种多样，有灌木、有藤本，更多的是开花的或常绿、枝叶整齐的植物。在房屋周围、街旁或广场绿地中，可以组成各种花境、花带和花坛，它们多由观花或是观叶的、多年生的宿根草本植物构成。北方地区主要为毛茛科、石竹科、十字花科、桔梗科、蔷薇科、豆科、唇形科、菊科、鸢尾科、百合科等具有美丽花朵的宿根地被植物。在公路两旁，尤其是在高速公路两旁，不能种高大的灌木，以免妨碍行车视线，宜种低矮匍匐的地被植物。在行道树下面的狭长树池中，也应种满低矮的地被植物。北方常见的有白三叶、莺尾、小冠花及耐荫的二月兰等。

草地型地被：面积大，分布自然，但不是很均匀，高矮也不要求十分整齐，养护管理粗放，不需要进行修剪，其形成更多的是依靠自然，人工的整理只是局部或次要的。它们完全开放，人们可以自由出入。如：大型公共绿地及厂矿绿地，在城市郊区、公路两旁、风景区占有重要的地位。最近几年常用野花组合种子撒播在草地上形成缀花草坪。

经济型地被：具有一定的经济效益，是不开放的绿地。种植的地被植物往往单一，对改善环境、美化环境等方面也起着一定作用，如黄答、芍药、草暮等。

（二）地被植物在城市园林中的作用和重要性

1．地被植物在城市园林中的作用

（1）防止水土流失

地被植物的地下根部，与土壤纵横交错，紧密结合，对固定土壤，防止水土流失有很大作用。许多坡地、河岸、高速路、沟渠等处，有了地被植物的覆盖，不但能截留降落的雨水，还能削弱暴雨落下的动力，减缓地表径流的流速。因此，对防止水土流失具有显著的功能。

（2）改善温度、湿度

地被植物就像水库一样，它的根不仅能蓄存水分，而且能将土壤中的水分吸收输送排放到空间，据测定，1公顷的地被，每年要蒸发 6 ~ 7 立方米的水分，同一时间，温度要比裸露地面低 2 ~ 3℃，湿度增加 25%，所以，可以把它们称作"加湿器"和"天然散热器"。

（3）净化空气

地被植物对空气的净化作用主要表现在它能稀释、分解、吸收空气中的有害物质。人类生命一刻离不开氧气，1公顷的地被植物每昼夜能释放氧气 600kg，同时又能吸收 CO_2 气体，每人平均有 25 平方米的地被，就能把呼出的 CO_2 吸收掉。地被植物还有较强的杀菌能力。据测定，同等面积下，城市公共场所的细菌含量是覆盖地被植物区域的 3 倍。由此可见，它们的杀菌效力之大。地被植物茎叶密集交错，叶片上有很多绒毛，吸附飘尘和粉尘，还能吸收工厂排放到大气中的各种有害气体。例如紫茉莉能吸收有害气体氯化氢、二氧化硫等。所以，地被植物被人们誉为空气"净化器"。

（4）创造舒适和优美的生活环境

绿化在改善人类生活环境中起着重要作用，地被植物能缓和阳光的辐射，对减轻和消除眼睛疲劳很有益处。另外，在人类生活环境中，只有高大的乔木和中层次花灌木还不够完美，再配以最下层的地面覆盖物，才能形成色彩秀丽、景色如画的多层次植物群落，把裸露的地面覆盖起来。绿色、开畅、起伏或平坦的草坪，不仅能给人们提供休息活动场地，还能使人们透视周围多层次树丛的景观、色彩、起伏的线条，给人以美的享受。

2. 地被植物在城市园林中的重要性

发展地被植物，是维护生态平衡、保护环境卫生、美化城乡面貌、减少大气污染、防止水土流失的有效措施之一。在我国西部、北部的主要城市，多年来，每到风季，便尘土飞扬，黄沙满天，这是由于地被植物大面积受到破坏，是黄土地面裸露，水土流失严重造成的。在国外，一些工业发达的城市和人口集中的地区，除了重视一般的绿化植树外，还有一个重要特征，就是普遍种植地被植物。不论是路旁，河坡、湖边和空地，甚至高层建筑的屋顶、墙面，凡是可以栽植、覆盖植物的地方，都尽可能地披上绿装，点缀色彩，坚决消除一切裸露的土地，使城市空气清新、面貌整洁。在城市建设中，应首先考虑适宜人们生活和身心健康的环境。城市人口比较集中，应大力发展地面覆盖植物，这是当前经济建设中的百年、千年大计，也是城市绿化工作的重要环节。因此，在调查本地资源的基础上，重视这方面的技术培养与资金投入，建立较好的管理机构，是目前城市绿化建设的重要措施。

（三）地被植物在城市园林的适用范围

园林中适于地被植物栽植的地点大致有以下几个方面：（1）园林中的斜坡地，多沙多石，应用地被植物一方面覆盖率高使得"黄土不露天"，另一方面又可以愉悦视线，创造优美的景观效果；（2）栽培条件差的地方，如土壤贫瘠、砂石多、浓荫或光照不足、风力强劲、建筑物残余基础地等场所，地被植物可起到消除"死角"柔化线条的作用；（3）需要暗示空间边界，弥补高大乔木及灌木由于枝条较高形成空缺时，使用适宜的地被植物可以增加景观层次，延长观赏期；（4）养护管理不方便的地方，如灌水困难、分枝很低的大树下或是高速公路中央分隔带等地块，选用覆盖能力强，繁殖容易，修剪养护容易的地被可以丰富季相变化，增加景观层次；（5）需要烘托主题增加景观效果的地方，如雕塑、山石、水体、花坛花境镶边处选用地被植物可以吸引游人视线；（6）公园绿地中游人不经常活动的地块，多集中在边角处或景点较少、园路未完全延伸到的地方，地被植物可在一定程度上弥补整体景观的缺憾；（7）杂草猖獗的地方，可利用适应强、生长迅速的地被植物人为建立起优势种群，抑制杂草滋生；（8）禁止游人践踏的场所，可利用地被植物达到划分空间的功效；此外，对于园林中乔灌木林下大片的空地，选择耐阴性好、观赏期长、观赏价值较高又耐粗放管理的地被种类，不仅能增加景观效果，又不需花太多的人力、物力去养护。

二、园林地被植物的选择标准

地被植物具有防尘、降温、增湿、净化空气、防止表土被冲刷等显著生态功能及绿化景观效果，地被植物在园林中所具有的功能决定了地被植物的选择标准。虽然地被植物大多能覆盖地表，形成具有观赏价值的植物景观，但也有少数地被植物生长不茂、不易管理、难以形成优美的植物景观。因此，必须根据需要，有选择地采用。一般说来，地被植物的筛选应符合以下六个标准：

1. 植株低矮

通常选择植株低矮的常绿性植物，其分枝力强、枝叶稠密、密集丛生、枝干水平延伸能力强，高度一般不超过 100cm。优良地被植物一般区分为 30cm 以下、50cm 左右、70cm 几种。如属于矮灌木类型，其高度亦尽可能不超过 1m；凡超过 1m 的种类，应挑选耐修剪或生长较慢的，这样容易控制高度。

2. 生命周期长

植株全部生命周期在露天条件下栽培完成的多年生植物，且有很强的自然更新能力，种植以后无须经常更换，能长时间覆盖裸露的地面，并能起到一定的防护作用，且能保持连年持久不衰，即一次种植，多年观赏的效果。

3. 抗逆性强

选择适应性、抗逆性强（如抗旱性、耐寒性、抗病虫害、抗瘠薄土壤等）的植物品种。

4. 耐粗放管理

植株能自繁或人工繁殖简单，生长迅速，地面覆盖能力强、耐修剪，管理粗放、无须精心管护，即能正常生长、省时、省工，且能够管理控制，不会泛滥成灾。

5. 观赏效果佳

一般应挑选绿叶期较长、花色丰富、持续时间长或枝叶观赏价值高，观赏性状稳定的常绿植物，至少绿叶期不少于 7 个月。

6. 无毒无异味

植株无毒、无异味，对人畜健康不产生危害。

此外，可根据栽培地区的实际情况和特殊需求选择使用不同观赏价值（如观枝、观花、观果等）、不同经济价值（香料、油料、饲料等）、不同抗逆性（抗污染、抗盐碱等）的地被植物，用于不同类型的城市园林绿地。

三、地被植物的配置设计原则

地被植物包括的范围广泛，色彩丰富，花期分散，合理配置不仅能为园林添色，而且能使城市绿地的生物多样化，在乔木、灌木和草坪组成的自然群落之间发挥起承上启下的作用。城市生态园林绿地中，植物群落类型多，差异大，地被品种的选用虽无固定的模式，但亦应根据"因地制宜，功能为先，高度适宜，四季有景"的原则统筹配置。同时，在城市生态景观建设中，应根据景观的需要，对地被植物要有取舍，而并非盲目地跟风采用。

1．科学性原则

地被植物配置设计中，首先要遵循"因地制宜、适地适树"的原则。在选择地被植物之前，须了解种植地的立地条件、所用地被植物的特性以及种植地周边的群落关系。种植地的立地条件是指气候特征、土壤质地、结构、肥力、酸碱度、地形地势等；地被植物本身的特性指生长高度、绿叶期、花期、果期及其对光照、温度、土壤的要求等；群落关系则包括上层乔木、灌木的种类、生长的疏密程度、树丛下的温度和湿度、光照的强弱以及周边其他生物因素等等。然后，根据选用的地被植物的生态习性、生长速度与长成后可达到的覆盖面积与乔、灌、草合理搭配，使各种生物各得其所，彼此之间构成和谐、稳定、能长期共存的植物群落，才能取得较理想的效果，否则盲目选择只会造成人力、物力、财力上不必要的浪费。

2．功能性原则

园林绿地包括各类公园绿地、街头绿地、风景游览绿地、防护绿地及工厂、医院、居民区等专用绿地。按照其不同的类型、功能和性质，不仅乔灌木配置有所不同，地被植物的配置也应有所区别林景观。

3．艺术性原则

园林艺术是一门融合多种艺术的学科，是自然美与园林美的结合，地被植物的应用也充分遵循园林艺术的原则与规律，科学有机地处理地被植物与园林布局的关系，利用地被植物不同的叶色、花色、花期、叶形等搭配成高低错落、色彩丰富的花境，与周围环境和其他植物协调地衔接起来，达到变化中有统一的效果，以体现不同的园林风格与特色。

4．地域性原则

生物多样性是城市生态园林构建水平的一个重要标志，它是以丰富的植物材料，模拟构建再现自然植物群落，而作为园林底色的乡土地被植物必不可少。由于乡土地被植物极易适应当地的自然环境，具有相当完善的适应性和适应机制，因而其生长不会受到当地气候和土壤条件的制约，也不会像外来植物那样需要刻意地为其营造适合的环境，加之种类丰富，引种便利，适应能力强，生存能力相对稳定，耐粗放管理，适合大面积种植，不仅可降低水资源和人力资源的消耗，而且可降低因施用化学除草剂、化肥造成的土壤及空气污染，有利于保护生物多样性和城市园林绿化建设的可持续发展，从而有利于发挥持久的生态效益。而乡土地被植物鲜明的地域特色与本土风情，更能营造特定城市的植物生态群落，以彰显城市的个性魅力与地域文化特色。

总之，园林地被植物的配置设计既要遵循一定的科学原理，又要解放思想、不拘一格，力求景观效益与生态效益有机的融合在一起，在确保群落景观质量的基础上，塑造一个人类、动物、植物和谐共生、良性互动的绿色生态环境。

表 2-3-1　常见地被植物色彩表

植物名称	花色	叶色、果色	花期
二月兰	蓝紫色、紫色或白色	—	3~4月
洋地黄	粉色、紫红色	叶被灰白色短柔毛	6~7月
边钱草	淡蓝色至紫色	—	3~5月
白三叶	白色或淡红色	—	5~6月
百脉根	黄色	—	5~7月
紫花地丁	紫堇色或紫色	—	3~10月
蛇莓	黄色	果实红色	5~6月
石竹	红色、粉红色或白色	—	5~9月
虎耳草	白色	—	5~6月
蒲公英	鲜黄色	—	3~6月
石蒜	红色、白色、粉色	—	8~9月
金叶过路黄	黄色	金黄色	5~7月
美人蕉	黄色、红色、呈红色	绿色、紫色	5~11月
千屈菜	玫瑰红或蓝紫色	—	6~10月
地被月季	玫瑰红、粉色和白色	—	5~10月
百里香	紫红色至粉红色	—	6~9月
醉鱼草	紫色	—	6~8月
阔叶箬竹	—	青绿色	—
扶芳藤	白绿色	蒴果黄红色	—
平枝枸子	粉色、秋叶变红	梨果鲜红色	果期9~10月
紫叶小檗	—	紫红色	—
矮紫薇	玫瑰红、桃红色、白色	—	6~9月
萱草	红色、黄色或橙色	—	6~8月
鸢尾	蓝紫色	—	5~6月
玉簪	白色	—	7~8月
紫	淡紫色	—	7~8月
夏枯草	紫色、蓝紫色、白色	—	6~9月
火炬花	鲜红色或淡红色	—	5~6月

（续表）

植物名称	花色	叶色、果色	花期
月苋草	黄色	—	6～10月
落新妇	花色丰富	—	6～8月
荷兰菊	淡蓝色、粉红色	—	6～10月
茑萝	粉红色	—	6～10月
牵牛花	紫红色、白色、蓝色	—	7～9月
凌霄	橘红色	—	6～9月
金银花	白色略带黄色	果实黑色	—
爬山虎	淡黄绿色	浆果蓝色，秋叶变红	—
佛甲草	花黄色	—	4～5月
景天三七	花黄色	—	6～8月

四、地被植物与园林要素的搭配

地被植物在与上层林木、建筑、山石、水体、园路等主要园林要素进行搭配时，无论是种类的选择，还是布局形式的确定，都不能仅凭设计者的个人喜好来进行设计，而应遵循生态原则、目的性原则、美学原则，来充分体现整个园林设计的意图，进行合理的搭配组合，使其既能充分发挥地被植物的造景功能，又能与周围景观取得协调统一。

1. 地被植物与上层林木的搭配

园林地被植物是植物群落的最底层，担负着承上启下的作用，以形成较完整的复层人工植物群落空间，因而其高度、色彩与上层林木的配置艺术是十分讲究的。选择地被植物要注意与上层乔木高矮搭配适当，色彩协调。地被植物与上层乔灌木同样有各种不同的叶色、花色和果实，如能使其错落有致，则有丰富的季相变化。一些落叶树冬季枝叶凋零，可选用一些常绿或冬绿的地被植物，如麦冬、吉祥草、沿阶草、常春藤等；在常绿的树丛下，可选用一些耐阴、开花的地被植物，如玉簪、尾、红花酢浆草等成片配植，以丰富绿地色彩。而在一些叶色黄绿的林层下，如水杉、无患子、合欢树林下，可选配叶色深绿的常绿植被，如麦冬、吉祥草、石菖蒲等作陪衬，使之层次清晰，更加美观。如上层林木分枝较高时，可适当配置高些的地被植物；相反，如果上层林木分枝较低或呈球形时，则应配置较矮些的地被植物。

2. 地被植物与建筑的搭配

建筑在形体、风格、色彩等方面是固定不变的，没有生命力，需用植物衬托、软化其生硬的轮廓，跟随植物的季相变化而产生活力，但主景仍然是建筑，因而配植地被植物切不可喧宾夺主。在设计尺度方面，地被植物的高矮与附近建筑的比例关系要相称，在色彩上，植物的颜色与建筑的色彩对比越明显，观赏效果则越好。一般在灰白色墙面建筑前，宜植开红花或红叶植物如红花继木、紫叶小檗、红花酢浆草等或深绿色地被植物；而红色墙面前则宜种植开白花或黄花的地被植物如玉簪，萱草类、绣线菊、葱兰等。在建筑南面，为了不影响室内采光，在离建筑较近的距离内可考虑喜光地被植物如锦带花、石竹、鸢尾等；建筑北面，因环境荫蔽则宜栽植一些耐荫的地被植物如玉簪、龟背竹、蕨类植物等；在建筑角隅部分，因其面积较小，常植一、二株灌木，或加 1～2 块山石点缀些低矮的地被植物，如南天竹、大叶黄杨、铁线莲、麦冬、杜鹃等。

3．地被植物与山石的搭配

山石在我国园林中的应用，常以山石本身的形体、质地、色彩及意境作为欣赏对象，利用地被植物点缀山石，则使山石更增加生气，并通过植物色调与山石的协调统一，创造出自然、野趣独具特色的园林景观，如常春藤，金银花，络石等藤蔓地被植物，点缀于山石边，景观别致，趣味盎然。而在利用地被植物与藤本植物点缀假山置石时，应当考虑植物与山石纹理、色彩的对比和统一。若要着重表现山石的优美，则可稀疏点缀络石、长春花、小叶扶芳藤等枝叶细小的种类，让山石最优美的部分充分显露出来；若想表现假山植物茂盛的状况，可选择枝叶茂密的藤本植物种类，如紫藤、凌霄等，或在假山、岩石周围布置蕨类植物和春羽、旱伞草等地被植物，既活化了岩石、假山，又显示出清新、典雅的意境。

4．地被植物与水体的搭配

在水边配植地被植物时要与水边的生态环境、水的曲线、流动感相适应，故宜选用耐水湿、耐荫地被植物，增加水景的趣味，丰富水边的色彩（见下图）。而无论是土岸还是石岸，都离水较近，则宜栽植耐水湿的地被植物，如水边栽植千屈菜、鸢尾、花叶良姜、水鬼蕉等，与水体、常绿乔灌木形成对比，使整体景观层次分明，富有变化，景色优雅宜人，生机盎然。当冬季水边色彩不够丰富时，则应在驳岸的湖畔栽种一些耐寒而又花色艳丽的地被植物便能使湖岸增色添辉。

图2-3-1　地被植物与水体的搭配

5. 地被植物与园路的搭配

园路有主路、小路、交叉路口之分。主路道路较宽，多可采用乔＋灌＋草或小乔木＋草等复层结构的种植方式，故地被植物与上层林木的配植要点在此也同样适合。小路，一般路面较窄，多为弯曲状，以自然式布置为主，常采用花境形式（见下图）对距离较短的小路边，可单独采用一种地被，简洁分明，以避免纷繁复杂；对距离较长的小路，则宜选用2种以上地被植物交替种植，以减少单调沉闷的感觉，如可选用枝条较长的连翘与丁香组合，既可以形成拱式幽静式小径，又可以构成美丽的色彩，同时也可选用草本地被植物镶边以界定路径空间，如麦冬、沿阶草、吉祥草、鸢尾等。交叉路口，又称中间绿岛，它是视线交点处，常作为主要景点，其他被植物的选择则视交叉路口的面积大小而定。一般路口花坛面积较小时，多采用单一草本地被植物组成，也可以由一两种矮生花灌木地被组成；路口花坛面积较大时，则可以配置一定数量具有不同颜色的小乔木、花灌木，结合其他小品共同表现主题构成景观，花坛周边则一般镶嵌常绿草本地被植物作衬托，以充分彰显主景，同时也能很好地衔接硬质路面景观。

图2-3-2 地被植物与园路的搭配

五、地被植物景观构成解析

（一）地被植物作为线

利用地被植物暗示空间的边界，是造景中常用的手法。此时，地被植物一般都作为主景的镶边，成为一条控制边界的线。边缘将花坛、花境包含在内，勾出邻近的草坪、道路、地被植物的轮廓，如同一条明显的标志线，将人为景观与自然景观区别，并将庭园予以分隔。许多有缺陷的地方也可以用地被植物作为饰边来遮掩，并且可以借此转移游人的注意力。同时，地被植物中的大部分种类是多年生的，其外观清爽、生机盎然，具有鲜绿或彩色的叶片，或1年3季开花，如鸢尾、玉簪、地被月季等，完全可以满足边缘装饰的需要；而多种观叶地被植物经合理搭配，也可以创造出美丽的花园边缘，如：麦冬、沿阶草、吉祥草等，以它们多姿多彩的叶片令花园边缘生机盎然，在充分满足视觉效果的基础上，又能勾勒出清晰的空间。

1. 林缘线状景观

林缘处，即沿着乔灌木的边缘种植地被植物，以形成一条分隔线，一方面使得乔灌木与草地过渡不会显突兀，另一方面又增加了群落景观竖向上的层次变化，丰富了整体植物景观的空间效果。当这条分隔线超过了一定厚度，向二维空间延展时，地被植物所形成的林缘线状景观就扩展成为林下的面状景观了。由于林缘处一般光照变化较大，因此要选择喜光又能耐半阴的地被植物材料，如莺尾、红花酢浆草、蔓长春花、葱兰、韭兰等（如下图）。

图2-3-3　林缘线状景观

2. 路缘线状景观

在城市道路旁基础绿带及各类绿地园路旁栽植色彩明快的地被植物，沿路形成一条带状景观，使得绿地和道路的衔接更为自然，尤其是种植一些观赏效果好，株形较为整齐而延展性较差的地被植物来作为镶边，会得到更为丰富多彩的景观效果（见下图）。因为栽种在路边上，地被植物的选择也必须要以抗逆性较强，根的匍匐伸展性较差的品种为主，如彩叶草、麦冬等。如昆明世博园，许多蜿蜒的小路两侧都种植了彩叶草、过路黄、葱兰、马蔺等地被植物，使得单调的路缘随着地被元素的增加而形成了各种各样的变化丰富的线状景观，增加了游览的趣味性。

图2-3-4　路缘线状景观

3. 水边线状景观

在一些河岸、池塘、溪流边，土壤水分含量较高，且土质疏松则要求地被植物既能保持水土、防止雨水冲刷，又能丰富水边绿化，故要选用根系发达、枝叶细密、观赏性强、耐水湿的地被植物，如莺尾、石菖蒲等。由于园林中的驳岸大多为自然式的设计，地被植物沿驳岸伸缩有致、时断时续的种植也使得水边形成了时有时无的地被植物线状景观，更富有自然野趣。如沈阳世博会，自然水景边种植的一些耐水湿的草本地被植物如蝴蝶花、德国莺尾、石菖蒲等，使水岸与草坪的过渡更为自然、协调，配上亭、榭、游鱼或叠水、山石，便能营造出一幅自然山野的画面。

（二）地被植物作为面

1. 大面积单一种类地被景观

由单一植物大量成片栽植以形成群落的地被景观，常作为绿地植物群落的基底、绿地植物景观的背景，着力突出地被植物的群体美，并烘托其他景物，形成美丽的植物群落景观。在城市绿地规划设计中，往往有许多林间开阔地，这些区域或者栽植草坪或者用地被植物加以覆盖，形成块面景观，以便围合绿色空间，对于景观空间的塑造、维护城市生态环境的稳定和优化具有重要意义。另外，此类景观地被也可以形成特殊的景观空间，虽然没有两种或两种以上地被搭配在一起时的灿烂、华丽和浪漫，但通过不同的修剪造型，也能使人感觉到它的稳定、柔和、统一、幽雅和朴素（见下图）。

图2-3-5 单一种类地被景观

2. 缀花草坪地被景观

单一种类草坪栽植在景观和生态上有一定的缺陷，而利用地被植物建设可以形成景观效果丰富、面积大且分布自然的缀花草地，这也是地被植物作为"面"状景观的又一种表现形式（见下图）。在缀花草地中可以配置莺尾、石竹类、石蒜类等宿根、球根花卉，在大面积的草坪上点缀栽植或色块栽植，使其分布有疏有密，自然错落，形成缀花草坪，既能增加植物种类多样性，又使景观别具风趣；而在景观要求一般的草坪中，可以适当播种紫花地丁、蒲公英、车前草等野花，均能形成较好的景观效果，不仅可以增加草地的生物多样性，为一些小动物提供栖息场所，而且可以减少单一草坪病虫害的发生，且养护管理较为粗放，不需要进行修剪，其形成更多的是依靠植物的自然生长，人工的养护管理只是局部的或次要的，因而无论是在景观还是节约资源方面，都比之单一的草坪更具有优势。

图2-3-6　缀花草坪地被景观

3. 色带式（色块和图案）地被景观

现代园林中多使用一些低矮的质地比较细密而色彩艳丽的地被植物组成色块或者图案，形成构图比较活泼的平面景观。这种色块或者图案一般是由两种以上不同的宜于平面造型的低矮地被植物材料（如金叶女贞、紫叶小檗、小叶黄杨等）组成，经过修剪整形，利用不同质地和不同色彩的对比形成反差，强调一种美的构图效果，同时，还可以选择应用一些球根花卉以及一、二年生花卉来增加色彩变化和季相变化。而这种色带、色块式地被景观又与传统意义上的花坛有着许多的共同点，比如，其整体的平面形式大多为规则式，主要表现的是平面图案的纹样或华丽的色彩美，而不突出植物个体的形态美；但花坛多以时令性花卉为主体材料，有时还包括一些乔木、灌木作为主景或者配景，而这种色带式景观多使用的是花期长、养护管理简单的多年生的地被植物材料，观赏期较花坛更为长久。

4. 密林、疏林下的半自然人工地被景观

半自然半人工的地被面状景观一般是人为的模拟自然的生长状态，在林下种植一些观赏效果较好的地被植物，形成的介于纯自然与纯人工之间的一种景观效果。这样的景观一般应用在公园风景林地中，让游人在欣赏自然美景的同时也能够领略到人工设计的巧妙，正所谓"师法自然，而高于自然"。

5. 树穴、树池内的地被景观

在行道树以及绿地中种植乔、灌木的树坛和树穴、花池内种植地被植物形成面状景观，是地被植物在规划设计中作为"面"的又一种表现形式（见下图）。树穴、花池内一般形成半阴环境，常选用一些耐半阴的地被植物种类，有时可以只用一种地被植物，形成统一的景观效果，有时可以采用几种地被植物混合片植，使得整体效果更为活泼、轻快。在树池内种植耐半阴的观花地被植物，多在春、秋二季花叶并茂，艳丽多彩，同时亦能覆盖裸露土面，与周围的石板铺装路面自然相接而不突兀，使人感到清新和谐。而在一些自然种植的孤立树下的地被植物，多是自然种植于树干基部周围，光线不够充足，因此选用喜阳又耐半阴的地被植物材料如可以种植扶芳藤、小叶黄杨、麦冬等植物，在增绿的同时更能增添自然风趣。

图2-3-7　树穴、树池内的地被景观

（三）地被植物作为体

地被植物称为体，一般是应用不同种类的地被植物材料与山石或小的雕塑进行搭配造景，从而形成一组花境或者具有一定文化或象征意义的园林景观，周边的搭配材料可以是假山、置石等园林小品，也可以是姿色俱佳的小乔木、花灌木等。在进行搭配造景时，不仅要考虑不同种类的地被材料之间的搭配，还要注意地被植物同山石、建筑小品及上木等环境的协调统一，从而形成体态、色相俱佳的三维体状景观（见下图）。

图2-3-8　三维体状景观

第四节　边坡绿化

虽然我国经济水平得到了显著提高，但是环境问题也是亟待解决的问题，特别是近年来工农业发展过程中，我国大力开展铁路建设、矿山开发等项目，严重破坏了建设地区的生态环境。为了进步提高经济发展速度，自然资源被过度开采了利用，土地沙漠化、水土流失等环境问题愈加严重。为了缓解目前存在的环境问题，防止环境进步恶化，园林边坡绿化等工艺得到了广泛应用，在园林绿化施工中，要采取恰当的措施确保园林边坡绿化施工活动能够顺利开展。边坡绿化是一种新兴的能有效护裸露坡面的生态护坡方式，它与传统的工程护坡相结合，可有效实现坡面的生态植被恢复。

一、边坡绿化的功能

（一）提高边坡的稳定性

边坡绿化技术主要是采用植被种植技术来对边坡进行防护，起到保持水土和稳定边坡的效果。植被可以有效地拦截雨水、固结土壤以及减缓径流，降低降雨对边坡的冲击，使土壤的透水能力加强，减少地面径流。植被在土壤表层形成的网状构造物可以缚紧周围土壤，提高边坡稳定性。

（二）恢复植被，保护环境

边坡绿化技术可以迅速恢复自然植被，保护边坡的自然环境，防止水土流失，维持当地的生态环境。边坡植被可以通过光合作用来吸收二氧化碳，制造和释放氧气，保持边坡沿线空气的清新，达到吸收尾气和飘尘，净化环境以及改善空气质量的目的。

（三）形成成熟的生态系统

边坡绿化技术通过对植被的规划和种植，可以带动其他植物以及土壤微生物在坡岸的相继生长，原始的初级生物量可以得到持续的增长，成熟稳定的生态环境得以建立，这样的生态环境还可以维护当地生态环境的多样性。

二、边坡绿化保护的主要形式

（一）草坪或者是灌木的保护

通过采用人工种植或者是机械喷植的办法可以在边坡种植草坪或者是其他的植被，利用湿式、客土喷播或者是挂草植网的办法在边坡种植草坪或者是灌木，形成的灌木群落以及草坪可以有效地减少土壤水分的流失，起到稳固边坡和防止水土流失的效果和目的。

（二）草坪和灌木的混栽

边坡混合种植灌木与草坪是目前采用比较普遍的方式，它避免了单纯种植灌木或者是单纯种植草坪的缺陷，边坡防护效果比较显著。通常采取的灌木护坡中的灌木生长速度较慢，快速覆盖地表的能力比较差，在较短的时间内不能很好地起到拦蓄地表径流的效果。而草木的生长年限比较短，持续护坡的能力比较差，草灌混栽的模式有效的弥补了两种方式的缺陷，是目前比较理想的护坡方式。

（三）乔灌结合的护坡方式

山区的坡面一般较长，坡度比一般的地方要陡，水土流失比较严重，很容易发生塌方或者是滑坡等自然灾害。通过在一些路段采取乔木和灌木混栽的方式能最大限度地发挥植被的保护边坡的作用，减少自然灾害对当地环境的影响，减少生态失衡现象。

三、常见的边坡绿化植物

（一）香樟

香樟，正名为：猴樟 Cinnamomum bodinieri 油樟 Cinnamomum longepaniculatum 云南樟 Cinnamomum glanduliferum 樟 Cinnamomum camphora 黄樟 Cinnamomum porrectum 银木 Cinnamomum septentrionale

香樟是樟目、樟科、樟属常绿大乔木，高可达30米，直径可达3米，树冠广卵形；树冠广展，枝叶茂密，气势雄伟，是优良的绿化树、行道树及庭荫树。产中国南方及西南各省区。越南、朝鲜、日本也有分布，其他各国常有引种栽培。植物全体均有樟脑香气，可提制樟脑和提取樟油。木材坚硬美观，宜制家具、箱子。香樟树对氯气、二氧化硫、臭氧及氟气等有害气体具有抗性，能驱蚊蝇，能耐短期水淹，是生产樟脑的主要原料。材质上乘，是制造家具的好材料。

1. 形态特征

常绿大乔木，高可达30米，直径可达3米，树冠广卵形；枝、叶及木材均有樟脑气味；树皮黄褐色，有不规则的纵裂。顶芽广卵形或圆球形，鳞片宽卵形或近圆形，外面略被绢状毛。枝条圆柱形，淡褐色，无毛。叶互生，卵状椭圆形，长6～12厘米，宽2.5～5.5厘米，先端急尖，基部宽楔形至近圆形，边缘全缘，软骨质，有时呈微波状，上面绿色或黄绿色，有光泽，下面黄绿色或灰绿色，晦暗，两面无毛或下面幼时略被微柔毛，具离基三出脉，有时过渡到基部具不显的5脉，中脉两面明显，上部每边有侧脉1～3～5（7）条。基生侧脉向叶缘一侧有少数支脉，侧脉及支脉脉腋上面明显隆起下面有明显腺窝，窝内常被柔毛；叶柄纤细，长2～3厘米，腹凹背凸，无毛。幼时树皮绿色，平滑，老时渐变为黄褐色或灰褐色纵裂；冬芽卵圆形。

圆锥花序腋生，长 3.5 ~ 7 厘米，具梗，总梗长 2.5 ~ 4.5 厘米，与各级序轴均无毛或被灰白至黄褐色微柔毛，被毛时往往在节上尤为明显。花绿白或带黄色，长约 3 毫米；花梗长 1 ~ 2 毫米，无毛。花被外面无毛或被微柔毛，内面密被短柔毛，花被筒倒锥形，长约 1 毫米，花被裂片椭圆形，长约 2 毫米。能育雄蕊 9，长约 2 毫米，花丝被短柔毛。退化雄蕊 3，位于最内轮，箭头形，长约 1 毫米，被短柔毛。

子房球形，长约 1 毫米，无毛，花柱长约 1 毫米。果卵球形或近球形，直径 6 ~ 8 毫米，紫黑色；果托杯状，长约 5 毫米，顶端截平，宽达 4 毫米，基部宽约 1 毫米，具纵向沟纹。花期 4 ~ 5 月，果期 8 ~ 11 月。

2. 生长环境

适应海拔高度在 1800 米以下，在长江以南及西南生长区域海拔可达 1000 米。主要生长于亚热带土壤肥沃的向阳山坡、谷地及河岸平地。山坡或沟谷中，也常有栽培的。

樟树多喜光，稍耐荫；喜温暖湿润气候，耐寒性不强，适于生长在沙壤土，较耐水湿，但当移植时要注意保持土壤湿度，水涝容易导致烂根缺氧而死，但不耐干旱、瘠薄和盐碱土。主根发达，深根性，能抗风。萌芽力强，耐修剪。生长速度中等，树形巨大如伞，能遮阴避凉。存活期长，可以生长为成百上千年的参天古木，有很强的吸烟滞尘、涵养水源、固土防沙和美化环境的能力。

3. 主要价值

（1）经济价值

本种为亚热带地区（西南地区）重要的材用和特种经济树种，根、木材、枝、叶均可提取樟脑、樟油，油的主要成分为樟脑、松油二环烃、樟脑烯、柠檬烃、丁香油酚等。樟脑供医药、塑料、炸药、防腐、杀虫等用，樟油可作农药、选矿、制肥皂、假漆及香精等原料；木材质优，抗虫害、耐水湿，供建筑、造船、家具、箱柜、板料、雕刻等用；枝叶浓密，树形美观可作绿化行道树及防风林。樟树的木材耐腐、防虫、致密、有香气。是家具、雕刻的良材；除了用来提炼樟脑，或栽培为行道树及园景树之外，樟脑还有强心解热、杀虫之效，夏天的如果果到户外活动时可以试试看：摘取樟树的叶片，揉碎后涂抹在手脚表面上，有防蚊的功效喔。据科学家研究，樟树所散发出的松油二环烃、樟脑烯、柠檬烃、丁香油酚等化学物质，有净化有毒空气的能力，有抗癌功效，有防虫功效，过滤出清新干净的空气，沁人心脾。长期生活在有樟树的环境中会避免患上很多疑难杂症。因此，樟树成为南方许多城市和地区园林绿化的首选良木，深受园林绿化行业的青睐。

香樟树有一种特殊的香味，可以驱虫，所以几乎不需要园丁喷洒农药。香樟树籽含有丰富的油脂，癸酸含量高达 40% 以上，属中短碳琏脂肪酸，有其特殊的生理和营养作用，利用樟树籽开发新的油脂产品正在研究之中。

香樟树籽可做成枕。

（2）园林价值

该树种枝叶茂密，冠大荫浓，树姿雄伟，能吸烟滞尘、涵养水源、固土防沙和美化环境，是城市绿化的优良树种，广泛作为庭荫树、行道树、防护林及风景林常用于园林观赏，小区，园林，学校，事业单位，工厂，山坡、庭院、路边、建筑物前。配植池畔、水边、山坡等。在草地中丛植、群植、孤植或作为背景树为雄伟壮观，又因其对多种有毒气体抗性较强，较强的吸滞粉尘的能力，常被用于城市及工矿区。并能吸收有害气体，作为街坊、工厂，道路两旁，广场、校园绿化颇为合适。

（3）药用价值

1）樟树皮药用

【药名】樟树皮

【功效】行气。

【应用】樟树皮粉巧治下肢溃疡。

新鲜樟树皮适量，刮去外皮，烘干后研细末，过 80 ~ 100 目筛，贮瓶中备用。

先用 3% 过氧化氢清洗疮面，去除腐烂组织。然后取樟树皮粉适量加维生素 AD 丸内油调拌，敷于溃疡面，再用纱布或绷带轻扎。每日换药 1 次，一般 15 ~ 25 日即愈。

2）香樟树果的药用

【来源】为樟科植物黄樟的果实，植物形态详香樟条。

【采集】秋季采，阴干。

【性味】微辛；温。

【功用主治—香樟果的功效】解表退热。治高热感冒，麻疹，百日咳，痢疾。

【选方】①治高热感冒，麻疹：香樟果一至二枚。研末，开水送服。

3）香樟树根的药用

【异名】香通，樟脑树根、土沉香、山沉香。

【来源】为樟科植物樟的树根。

【采集】2 ~ 4 月间采挖。洗净，切片硒干。

【药材】为横切或斜切的圆片，直径 4 ~ 10 厘米，厚 2 ~ 5 毫米。质硬，有樟脑气味。以片大、均匀、色黄白、气味浓香者为佳。产江西、四川、贵州、广东、湖南、江苏。

【性味】《分类草药性》：辛，无毒。

【功用主治—香樟根的功效】理气活血，除风湿。治上吐下泻，心腹胀痛，风湿痹痛，跌打损伤。

①《分类草药性》：治一切气痛，理痹，顺气，并霍乱呕吐。

②《贵州民间方药集》：治风湿疼痛，跌打损伤。

③《贵阳民间药草》：理气，行血，健胃。治胃病，筋骨疼痛，脚汗。

4．香樟习性

性喜光，耐瘠薄，适应性强；抗烟尘、二氧化硫、氯气、氟化氢等有害气体能力强，是环境保护的优良树种。

5．园林用途

庭荫树、行道树、特种经济林。

图2-4-1　香樟树

图2-4-2　香樟果

（二）紫叶李

紫叶李(拉丁学名: Prunus cerasifera Ehrhar f.)，别名：红叶李，蔷薇科李属落叶小乔木，高可达8米，原产亚洲西南部，中国华北及其以南地区广为种植。叶常年紫红色，著名观叶树种，孤植群植皆宜，能衬托背景。尤其是紫色发亮的叶子，在绿叶丛中，像一株株永不败的花朵，在青山绿水中形成一道靓丽的风景线。

1．形态特征

灌木或小乔木，高可达8米；多分枝，枝条细长，开展，暗灰色，有时有棘刺；小枝暗红色，无毛；冬芽卵圆形，先端急尖，有数枚覆瓦状排列鳞片，紫红色，有时鳞片边缘有稀疏缘毛。叶片椭圆形、卵形或倒卵形，极稀椭圆状披针形，长(2)3～6厘米，宽2～4(6)厘米，先端急尖，基部楔形或近圆形，边缘有圆钝锯齿，有时混有重锯齿，上面深绿色，无毛，中脉微下陷，下面颜色较淡，除沿中脉有柔毛或脉腋有髯毛外，其余部分无毛，中脉和侧脉均突起，侧脉5～8对；叶柄长6～12毫米，通常无毛或幼时微被短柔毛，无腺；托叶膜质，披针形，先端渐尖，边有带腺细锯齿，早落。花1朵，稀2朵；花梗长1～2.2厘米，无毛或微被短柔毛；花直径2～2.5厘米；萼筒钟状，萼片长卵形，先端圆钝，边有疏浅锯齿，与萼片近等长，萼筒和萼片外面无毛，萼筒内面有疏生短柔毛；花瓣白色，长圆形或匙形，边缘波状，基部楔形，着生在萼筒边缘；雄蕊 25 ～ 30，花丝长短不等，紧密地排成不规则 2 轮，比花瓣稍短；雌蕊 1，心皮被长柔毛，柱头盘状，花柱比雄蕊稍长，基部被稀长柔毛。核果近球形或椭圆形，长宽几乎相等，直径 2 ～ 3 厘米，黄色、红色或黑色，微被蜡粉，具有浅侧沟，粘核；核椭圆形或卵球形，先端急尖，浅褐带白色，表面平滑或粗糙或有时呈蜂窝状，背缝具沟，腹缝有时扩大具 2 侧沟。花期 4 月，果期 8 月。2n=16，17，24。

2．繁殖方式

（1）芽接法

选择合适的砧木，可以用紫叶李的实生苗或者桃、山桃、毛桃、杏、山杏、梅、李等。相较而言，桃砧的生长势头足，叶子的颜色为紫绿色，但是怕涝；杏和梅寿命长，但也比较怕涝；李做砧木比较耐涝。华北地区以杏、毛桃和山桃作砧木最常见。

嫁接的砧木一般选用两年生苗，最好是专做砧木培养的，嫁接前应先短截，只保留地表上 5 ～ 7 厘米的树桩，6 月中下旬，在选好做接穗的枝条上定好芽位，接芽应该饱满，无干尖及病虫害。

用消过毒的刀在芽位下方 2 厘米处呈 30 度角向上方斜切入木质部，直至芽位上方 1 厘米处，然后在芽位上方 1 厘米的地方横向切一刀，把接芽轻轻取下，再在砧木距离地面 3 厘米处，在树皮上切个"T"字切口，让砧木和接芽紧密结合，然后再用塑料带将其绑好即可。接芽 7 天左右没有蔫萎，说明其已成活，约 25 天就可以将塑料带拆除。

（2）扦插法

1）插穗准备

深秋从健壮的树上剪取没有病虫害的当年生枝条，也可以结合整形修剪将剪下的芽饱满、粗壮，无病虫害和机械损伤的枝条剪为 10 ～ 12 厘米的枝段作插穗，3 ～ 5 个芽为好。

2）苗圃地选择和整地

苗圃地应当选择排灌及交通运输便利的地方，土层要求为肥沃、疏松、深厚的沙壤土。整地前，需先施肥并且对土壤进行杀菌消毒。然后进行深耕、细耙、整平土地，接着清除杂草，废农膜等杂物，做畦。

3）扦插时间

11 月下旬 ～ 12 月中旬。

4）扦插方法

把插穗下方靠近芽处剪成光滑的斜面，将插穗的斜面向下插入土中。扦插后立刻放水洇灌，土地稍干时可以用双层地膜覆盖保温。同时，为了保温，需要在畦面上搭 1 米高的塑料小拱棚，等待紫叶李出苗。

（3）高空压条法

1）枝条选择

枝条应选择树势较强，没有病虫害的植株，枝条直径通常为 1 ~ 2 厘米，以 2 ~ 4 年生枝条为好。

2）压条操作

压条在春天 4 月中旬 ~ 5 月中旬进行，在压条上选择适合的部位用嫁接刀划刻两道刻痕，间距约为 1.5 厘米，然后将刻痕间的表皮进行环剥，环剥后立刻套上塑料袋，并且在下刻痕的下部将塑料袋系死，随后将调好的沙壤土泥浆装入袋中，捏成球形，泥球需要把环剥处包裹住，并且使其处于泥球中部，将塑料袋上口系死。

3）后期治理

塑料袋封好应常检查泥球是否干硬，土球柔软说明包扎效果好，土壤含水量高。约45 天后伤口愈合并开始生根，秋末，将压条在泥球的下部剪断进行移栽。如果土球又干又硬，表示塑料袋漏气，要立刻用注射器注水，然后在塑料袋外再套一个塑料袋。

3．主要价值

紫叶李整个生长季节都为紫红色，宜于建筑物前及园路旁或草坪角隅处栽植。

4．生长习性

喜好生长在阳光充足，温暖湿润的环境里，是一种耐水湿的植物。紫叶李种植的土壤需要肥沃、深厚、排水良好，而且土壤所富含的物质是黏质中性、酸性的，比如沙砾土就是种植紫叶李的好土壤。

5．园林用途

紫叶李是园林中重要的观叶树种，整个生长期紫叶满树，尤以春、秋二季叶色更艳。在园林中与常绿树植，则绿树红叶相映成趣。

图2-4-3　紫叶李

图2-4-4　紫叶李花

（三）云南黄馨

云南黄馨，别名：野迎春、梅氏茉莉、云南迎春、云南黄素馨、金腰带、南迎春，金铃花，拉丁文名：Jasminum mesnyi Hance 属木犀科、素馨属常绿直立亚灌木，高 0.5 ~ 5 米，枝条下垂。小枝四棱形，具沟，光滑无毛。适合花架绿篱或坡地高地悬垂栽培。主要产在我国云南省，生长于海拔 500 ~ 2600 米的地区，一般生于峡谷或丛林中。

1. 形态特征

（1）枝叶

常绿直立亚灌木，高 0.5 ~ 5 米，枝条下垂。小枝四棱形，具沟，光滑无毛。叶对生，三出复叶或小枝基部具单叶；叶柄长 0.5 ~ 1.5 厘米，具沟；叶片和小叶片近革质，两面几无毛，叶缘反卷，具睫毛，中脉在下面凸起，侧脉不甚明显；小叶片长卵形或长卵状披针形，先端钝或圆，具小尖头，基部楔形，顶生小叶片长 2.5 ~ 6.5 厘米，宽 0.5 ~ 2.2 厘米，基部延伸成短柄，侧生小叶片较小，长 1.5 ~ 4 厘米，宽 0.6 ~ 2 厘米，无柄；单叶为宽卵形或椭圆形，有时几近圆形，长 3 ~ 5 厘米，宽 1.5 ~ 2.5 厘米。

（2）花

花通常单生于叶腋，稀双生或单生于小枝顶端；苞片叶状，倒卵形或披针形，长 5 ~ 10 毫米，宽 2 ~ 4 毫米；花梗粗壮，长 3 ~ 8 毫米；花萼钟状，裂片 5 ~ 8 枚，小叶状，披针形，长 4 ~ 7 毫米，宽 1 ~ 3 毫米，先端锐尖；花冠黄色，漏斗状，径 2 ~ 4.5 厘米，花冠管长 1 ~ 1.5 厘米，裂片 6 ~ 8 枚，宽倒卵形或长圆形，长 1.1 ~ 1.8 厘米，宽 0.5 ~ 1.3 厘米；栽培时出现重瓣。

（3）果实

果椭圆形，两心皮基部愈合，径 6 ~ 8 毫米。花期 3 ~ 4 月，果期 3 月 ~ 5 月。引常绿半蔓性灌木。嫩枝具四棱，枝条垂软柔美，具四叶对生，三出复叶，小叶椭圆状披针形，常绿。春季开金黄色花，腋生，花冠裂片 6 ~ 9 枚，单瓣或复瓣。

2. 生长环境

性耐阴，全日照或半日照均可，喜温暖植物。花果期 3 ~ 4 月，花期过后应修剪整枝，有利再生新枝及开花。喜光稍耐荫，喜温暖湿润气候。中性，不耐寒，适应性强。生峡谷、林中，海拔 500 ~ 2600 米。

3. 主要价值

花大、美丽，供观赏。

适合花架绿篱或坡地高地悬垂栽培。小枝细长而具悬垂形，常用做绿篱，有很好的绿化效果。其枝条柔软，常如柳条下垂，如植于假山上，其枝条和盛开知黄色花朵，别具风格。

4. 云南黄馨习性

中性，喜温暖，不耐寒，适应性强。

5. 园林用途

庭院观赏、花篱。

图2-4-5　云南黄馨

（四）络石

络石（拉丁学名：Trachelospermum jasminoides（Lindl.）Lem.，英文名：China Starjasmine，Confederate ~ Jasmine）是夹竹桃科，络石属常绿木质藤本植物，茎赤褐色，幼枝被黄色柔毛长，有气生根。常攀缘在树木、岩石墙垣上生长；初夏 5 月开白色花，形如"万"字，芳香。络石原产中国山东、山西、河南、江苏等地，络石喜半阴湿润的环境，耐旱也耐湿，对土壤要求不严，以排水良好的沙壤土最为适宜。在园林中多作地被。

该物种为中国植物图谱数据库收录的有毒植物，其毒性为全株有毒，症状与海杧果中毒相似。

1. 形态特征

常绿木质藤本，长达 10 米，具乳汁；茎赤褐色，圆柱形，有皮孔；小枝被黄色柔毛，老时渐无毛。叶革质或近革质，椭圆形至卵状椭圆形或宽倒卵形，长 2 ~ 10 厘米，宽 1 ~ 4.5 厘米，顶端锐尖至渐尖或钝，有时微凹或有小凸尖，基部渐狭至钝，叶面无毛，叶背被疏短柔毛，老渐无毛；叶面中脉微凹，侧脉扁平，叶背中脉凸起，侧脉每边 6 ~ 12 条，扁平或稍凸起；叶柄短，被短柔毛，老渐无毛；叶柄内和叶腋外腺体钻形，长约 1 毫米。

二歧聚伞花序腋生或顶生，花多朵组成圆锥状，与叶等长或较长；花白色，芳香；总花梗长 2 ~ 5 厘米，被柔毛，老时渐无毛；苞片及小苞片狭披针形，长 1 ~ 2 毫米；花萼 5 深裂，裂片线状披针形，顶部反卷，长 2 ~ 5 毫米，外面被有长柔毛及缘毛，内面无毛，基部具 10 枚鳞片状腺体；花蕾顶端钝，花冠筒圆筒形，中部膨大，外面无毛，内面在喉部及雄蕊着生处被短柔毛，长 5 ~ 10 毫米，花冠裂片长 5 ~ 10 毫米，无毛；雄蕊着生在花冠筒中部，腹部粘生在柱头上，花药箭头状，基部具耳，隐藏在花喉内；花盘环状 5 裂与子房等长；子房由 2 个离生心皮组成，无毛，花柱圆柱状，柱头卵圆形，顶端全缘；每心皮有胚珠多颗，着生于 2 个并生的侧膜胎座上。

蓇葖双生，叉开，无毛，线状披针形，向先端渐尖，长 10 ~ 20 厘米，宽 3 ~ 10 毫米；种子多颗，褐色，线形，长 1.5 ~ 2 厘米，直径约 2 毫米，顶端具白色绢质种毛；种毛长 1.5 ~ 3 厘米。花期 3 ~ 7 月，果期 7 ~ 12 月。

2. 生长环境

络石原产于中国黄河流域以南，南北各地均有栽培。对气候的适应性强，能耐寒冷，亦耐暑热，但忌严寒。河南北部以至华北地区露地不能越冬，只宜作盆栽，冬季移入室内。华南可在露地安全越夏。喜湿润环境，忌干风吹袭。

喜弱光，亦耐烈日高温。攀附墙壁，阳面及阴面均可。对土壤的要求不苛，一般肥力中等的轻黏土及沙壤土均宜，酸性土及碱性土均可生长，较耐干旱，但忌水湿，盆栽不宜浇水过多，保持土壤润湿即可。

生于山野、溪边、路旁、林缘或杂木林中，常缠绕于树上或攀缘于墙壁上、岩石上，亦有移栽于园圃。

3. 主要价值

（1）观赏

络石在园林中多作地被，或盆栽观赏，为芳香花卉。供观赏。

夹竹桃科常绿藤本植物，喜阳，耐践踏，耐旱，耐热耐水淹，具有一定的耐寒力。络石匍匐性攀爬性较强，可搭配作色带块绿化用。

在园林中多作地被，或盆栽观赏，为芳香花卉。

（2）药用

根、茎、叶、果实供药用，有祛风活络、利关节、止血、止痛消肿、清热解毒之效能，我国民间有用来治关节炎、肌肉痹痛、跌打损伤、产后腹痛等；安徽地区有用作治血吸虫腹水病。乳汁有毒，对心脏有毒害作用。茎皮纤维拉力强，可制绳索、造纸及人造棉。花芳香，可提取"络石浸膏"。络石是一种常用中药，其始载本草为《神农本草经》。

（3）禁忌

1）《本草经集注》：杜仲、牡丹为之使。恶铁落，畏菖蒲、贝母。

2）《药性论》：恶铁精。杀殷孽毒。

3）《本草经疏》：阴脏人畏寒易泄者勿服。

（4）常用配方

1）风湿痹痛偏热者较为适宜，可单味浸酒服，也可与木瓜、海风藤、桑寄生、生苡仁等同用。

2）络石藤治疮疡肿痛之症，常与乳香、没药、瓜蒌、甘草、皂角刺等配伍。

3）小便白浊用络石、人参、茯苓各二两，龙骨（煅）一两，共研为末。每服二钱，空腹服，米汤送下。一天服二次。

4）喉痹肿塞喘息不通用络石草一两，加水一升，煎成一大碗，细细饮下。

5）痈疽热痛用络石茎叶一两，洗净晒干，皂荚刺一两，新瓦上炒黄，甘草节半两，大栝楼一个（取仁，炒香），乳香、没药各三钱。各药混合后，每取二钱，加水一碗、酒半碗，慢火煎成一碗，温服。

1）治筋骨痛：络石藤一至二两。浸酒服。（《湖南药物志》）

2）治关节炎：络石藤、五加根皮各一两，牛膝根五钱。水煎服，白酒引。

3）治肺结核：络石藤一两，地苍一两，猪肺四两。同炖，服汤食肺，每日一剂。

4）治吐血：络石藤叶一两，雪见草、乌韭各五钱。水煎服。（②～④方均出《江西草药》）

5）治肿疡毒气凝聚作痛：鬼系腰一两（洗净晒干），皂角刺一两（锉，新瓦上炒黄），瓜蒌大者一个杵，炒，用仁，甘草节五分，没药、明乳香各三钱（另研）。上每服一两，水酒各半煎。溃后慎之。（《外科精要》止痛灵宝散）

6）治喉痹咽塞，喘息不通，须臾欲绝：络石草二两。切，以水一大升半，煮取一大盏，去滓，细细吃。（《近效方》）

7）治外伤出血：络石藤适量。晒干研末。撒敷，外加包扎。（《江西草药》）

4．络石习性

适应性极强，喜温暖，不耐寒。其叶厚革质，表面有蜡质层，抗污染能力强。

5．园林用途

攀缘墙垣、山石、盆栽。

图2-4-6　络石

（五）山栀子

山栀子，为茜草科植物山栀的果实，是中药名。主治：热病心烦、肝火目赤、头痛、湿热黄疸、淋证、血痢尿血、口舌生疮、疮疡肿毒、扭伤肿痛。

1. 形态特征

常绿灌木，高 0.5 ~ 2 米，幼枝有细毛。叶对生或三叶轮生，革质，长圆状披针形或卵状披针形，长 7 ~ 14 厘米，宽 2 ~ 5 厘米，先端渐尖或短渐尖，全缘，两面光滑，基部楔形；有短柄；托叶膜质，基部合成一鞘。

花单生于枝端或叶腋，大形，白色，极香；花梗极短，常有棱；萼管卵形或倒卵形，上部膨大，先端 5 ~ 6 裂，裂片线形或线状披针形；花冠旋卷，高脚杯状，花冠管狭圆柱形，长约 3 毫米，裂片 5 或更多，倒卵状长圆形；雄蕊 6，着生花冠喉部，花丝极短或缺，花药线形；子房下位 1 室，花柱厚，柱头棒状。

果倒卵形或长椭圆形，有翅状纵棱 5 ~ 8 条，长 2.5 ~ 4.5 厘米，黄色，果顶端有宿存花萼。

花期 5 ~ 7 月。果期 8 ~ 11 月。

2. 生长环境

常生于低山温暖的疏林中或荒坡、沟旁、路边。

3. 主要价值

（1）采集

10 月间果实成熟果皮呈黄色时采摘，除去果柄及杂质，晒干或烘干。亦可将果实放入沸水（略加明矾）中烫，或放入蒸笼内蒸半小时，取出，晒干。

（2）药材

干燥果实长椭圆形或椭圆形，长 1 ~ 4.5 厘米，粗 0.6 ~ 2 厘米。表面深红色或红黄色，具有 5 ~ 8 条纵棱。顶端残存萼片，另一端稍尖，有果柄痕。果皮薄而脆，内表面红黄色，有光泽，具 2 ~ 3 条隆起的假隔膜，内有多数种子，黏结成团。种子扁圆形，深红色或红黄色，密具细小疣状突起。浸入水中，可使水染成鲜黄色。气微，味淡微酸。

以个小、完整、仁饱满、内外色红者为佳。个大、外皮棕黄色、仁较瘪、色红黄者质次。

（3）化学成分

含黄酮类栀子素、果胶、鞣质、藏红花素、藏红花酸、D- 甘露醇、廿九烷、β - 谷甾醇。

另含多种具环臭蚁醛结构的甙：栀子甙、去羟栀子甙泊素 –1– 葡萄糖甙，格尼泊素 –1–β –D– 龙胆二糖甙及小量的山栀甙。

（4）药理作用

①利胆作用栀子水提取液及醇提取液给予家兔口服，对输胆管导出的胆汁量及固形成分无影响，但有人用同样制剂注射于家兔，15 ~ 30 分钟胆汁分泌开始增加，持续 1 小时以上。

给兔静脉注射藏红花素和藏红花酸钠后，胆汁分泌量增加。

栀子水煎剂或冲服剂给人口服后作胆囊拍片，证明服药后 20 及 40 分钟胆囊有明显的收缩作用。

家兔总输胆管结扎后，口服栀子水提取液则血中胆红素减少，用药愈多，减少愈显著（如结扎后每隔 24 小时口服 1 次，则结果甚为明显），尤其连续服用适量药物以后结扎，所得效果最佳，醇提取液亦具有相同的作用，但较水提取液作用稍弱。

栀子醇提取液注射于家兔，2 小时血中胆红素较对照组稍增加，6 小时后较对照组低，24～48 小时后明显减少，藏红花素及藏红花酸钠亦有同样作用。

在总输胆管结扎的家兔，注射醇提取液，24 小时末梢淋巴液中胆红素减少，藏红花素及藏红花酸钠亦有同样作用。

栀子可用于胆道炎症引起的黄疸。

②镇静、降压作用小白鼠皮下注射栀子流浸膏，使自发活动减少闭目、低头、肌肉松弛，并能对抗戊四氮的惊厥，而不能对抗士的宁的惊厥，但能减少其死亡率，以流浸膏灰分做对照则未见以上作用。

也有用以消除失眠及过度疲劳者。

栀子煎剂和醇提取液对麻醉或不麻醉猫、大白鼠和兔，不论口服或腹腔注射，均有持久性降压作用，静脉注射降压迅速而维持时间短，其降压部位似在延脑副交感中枢。

③抗微生物作用栀子水漫液在试臂内对许兰氏黄癣菌、腹股沟表皮癣菌、红色表皮癣菌等多种真菌有抑制作用，其水煎剂 15 毫克 / 毫升能杀死钩端螺旋体，在体外，栀子煎剂能使血吸虫停止活动，煎剂对细菌生长无抑制作用。

④其他作用栀子醇提取液对家兔及大白鼠离体肠管平滑肌，低浓度兴奋，高浓度抑制。

去羟栀子甙对小鼠有泻下作用，其提取物制成油膏，可加速软组织的愈合。

（5）毒性

小鼠急性腹腔注射半数致死量为 27.45 克 / 公斤，皮下注射为 31.79 克 / 公斤，与镇静有效量比较，安全指数较小。

（6）炮制

生栀子：筛去灰屑，拣去杂质，碾碎过筛；或剪去两端。

山栀仁：取净栀子，用剪刀从中间对剖开，剥去外皮取仁。

山栀皮：即生栀子剥下的外果皮。

炒栀子：取碾碎的栀子，置锅内用文火炒至金黄色，取出，放凉。

焦栀子：取碾碎的栀子，置锅内用武火炒至焦煳色，取出，放凉。

栀子炭：取碾碎的栀子，置锅内用武火炒至黑褐色，但须存性，取出，放凉。

《雷公炮炙论》：凡使栀子，先去皮须了，取人，以甘草水浸一宿，漉出焙干，捣筛如赤金末用。

（7）性味

苦，寒。

①《本经》：味苦，寒。

②《别录》：大寒，无毒。

③《医林纂要》：苦酸，寒。

（8）归经

入心、肝、肺、胃经。

①《汤液本草》：入手太阴经。

②《雷公炮制药性解》：入心、肺、大小肠、胃、膀胱六经。

③《药品化义》：入肺、胃、肝、胆、三焦、脉络六经。

（9）功用主治

清热，泻火，凉血。

治热病虚烦不眠，黄疸，淋病，消渴，目赤，咽痛，吐血，衄血，血痢，尿血，热毒疮疡，扭伤肿痛。

①《本经》：主五内邪气，胃中热气，面赤，酒疱皶鼻，白癞，赤癞，疮疡。

②《本草经集注》：解踯躅毒。

③《别录》：疗目热亦痛，胸心、大小肠大热，心中烦闷，胃中热气。

④《药性论》：杀䘌虫毒，去热毒风，利五淋，主中恶，通小便，解五种黄病，明目，治时疾除热及消渴口干，目赤肿痛。

⑤《食疗本草》：主瘖哑，紫癜风，黄疸积热心躁。

⑥《医学启源》：疗心经客热，除烦躁，去上焦虚热，治风。

⑦《药类法象》：治心烦懊憹而不得眠，心神颠倒欲绝，血滞而小便不利。

⑧朱震亨：泻三焦火，清胃脘血，治热厥心痛，解热郁，行结气。

⑧《纲目》：治吐血、衄血、血痢、下血、血淋，损伤瘀血，及伤寒劳复，热厥头痛，疝气，烫伤。

⑩《本草备要》：生用泻火，炒黑止血，姜汁炒治烦呕，内热用仁，表热用皮。

⑪广州部队《常用中草药手册》：清热解毒，凉血泻火。治黄疸型肝炎，蚕豆黄，感冒高热，菌痢，肾炎水肿，鼻衄，口舌生疮，乳腺炎，疮疡肿毒。

4．山栀子习性

中性，喜温暖湿润气候及酸性土。

5．园林用途

庭植，花篱。

图2-4-7　山栀子

（六）多花木兰

多花木兰，学名：（Magnolia multiflora M.C.Wang et C.L.Min），别名马黄消，是中、旱生木兰科木兰属草本、半灌木、灌木，播种当年7月下旬开花，翌年6月开花，11月种子成熟。

1. 形态特征

叶倒卵形，长5～10厘米，宽3.5～7厘米，先端宽圆，有短急尖，基部阔楔形，上面绿色，无毛，下面灰绿色，侧脉每边6～8条；叶柄长1～2厘米，托叶痕为叶柄长的1/6～1/5。花先叶开放，花蕾密被灰黄色绢毛，生于枝顶，每花蕾包2～3花，形成聚伞花序，花杯状，芳香；花被片白色，外面基部淡红色，12～14（15）片，狭倒卵形或倒卵状披针形，长4.6～6.8厘米，宽1.1～2.3厘米；雄蕊长1.1～1.6厘米，花药长7～8毫米，侧向开裂，花丝紫红色，长约4毫米，药隔伸出成短钝尖；雌蕊群绿色，圆柱形，长1.8～3厘米。聚合果圆柱形，长4～9厘米，常因部分心皮不发育而弯曲；蓇葖灰褐色，扁圆形，径7～15毫米，熟时背缝线开裂成两瓣，背面有瘤点状突起。

2. 生长环境

分布于中国河北、山西、河南、江苏、浙江、广东、广西、福建、江西、四川、陕西、甘肃等省区。多花木兰喜温暖而湿润的气候，适宜在南温带及亚热带中低海拔地区栽培，夏季高温，雨量充足的地区，生长最旺。在冬季温度低，但无持久的霜冻情况下，可保持青绿。多花木兰喜湿，耐旱，抗逆性强，但不耐水渍，低洼地不适宜种植。在PH4.5～7.0的红壤、黄壤和紫红攘上。

3. 主要价值

多花木兰属于豆科植物，蛋白质含量高，嫩枝和叶片质地柔软，具有甜香味，适口性好。多花木兰的茎叶比为45：55，其嫩枝叶为牛、羊、兔所喜食。可刈割青饲或青贮，也可

84

晒制干草或干草粉。饲用时，最好与禾草混喂。鲜草产量一般为1500kg/亩，大田示范区2500kg/亩，第一年可刈割利用3～4次，第二年为6～7次。此外，多花木兰具有改良土壤，增加土壤肥力的作用，同时具有一定的抗旱，耐瘠性能，是一种水土保持植物，也可以作为薪柴栽培。

（1）水土保持、土壤修复价值

多花木兰是优良的豆科牧草，其根瘤菌能固定空气中游离的氮，具有改良土壤、增加土壤肥力的作用。多花木兰根系发达、生长速度快、枝叶茂密、覆盖度大、寿命长，能有效截留水滴，发达的根系能固土保水，防止土壤冲刷，是一种抗性强的水土保持树种。

（2）景观价值

多花木兰花序大，小花多，颜色淡红，花期长，也是很好的蜜源植物和庭园绿化植物，是景观园林中经常运用的常绿植物。

4. 多花木兰习性

如遇严霜后，叶片脱落，枝条仍能安全越冬。翌春，枝条上的嫩芽开始萌发生长。自然脱落的种子，也能在地表过冬，与嫩芽同期出苗生长。多花木兰喜湿，耐旱，但不耐水渍，低洼地不适宜种植。适宜于亚热带、暖温带中低海拔广大地区栽培种植，多花木兰生长速度快，根系发达，固土力强，抗旱、耐瘠，对土壤要求不严，在pH4.5～7.0的红壤，黄壤和紫红壤上，均生长良好。可单播，也可与其他牧草混播，表现喜光，但又具有一定的耐阴性。多花木兰具有较强的抗逆性，适应栽培的范围广，且未发现有严重的病虫害。

5. 园林用途

多花木兰生于山坡草地灌丛中，水边和路旁。能改良土壤，增加土壤肥力，是优良的水土保持植物。

图2-4-8 多花木兰

（七）常春藤

常春藤，（拉丁学名：Hedera nepalensis var.sinensis（Tobl.）Rehd）五加科常春藤属

多年生常绿攀缘灌木，气生根，茎灰棕色或黑棕色，光滑，单叶互生；叶柄无托叶有鳞片；花枝上的叶椭圆状披针形，伞形花序单个顶生，花淡黄白色或淡绿白以，花药紫色；花盘隆起，黄色。果实圆球形，红色或黄色，花期 9 ~ 11 月，果期翌年 3 ~ 5 月。

常春藤叶形美丽，四季常青，在南方各地常作垂直绿化使用。多栽植于假山旁、墙根，让其自然附着垂直或覆盖生长，起到装饰美化环境的效果。盆栽时，以中小盆栽为主，可进行多种造型，在室内陈设。也可用来遮盖室内花园的壁面，使其室内花园景观更加自然美丽。常春藤全株均可入药，有祛风湿、活血消肿的作用，对跌打损伤、腰腿疼、风湿性关节炎等症均有治疗效果。

1. 形态特征

多年生常绿攀缘灌木，长 3 ~ 20m。

茎灰棕色或黑棕色，光滑，有气生根，幼枝被鳞片状柔毛，鳞片通常有 10 ~ 20 条辐射肋。

单叶互生；叶柄长 2 ~ 9cm，有鳞片；无托叶；叶二型；不能枝上的叶为三角状卵形或戟形，长 5 ~ 12cm，宽 3 ~ 10cm，全缘或三裂；花枝上的叶椭圆状披针形，条椭圆状卵形或披针形，稀卵形或圆卵形，全缘；先端长尖或渐尖，基部楔形、宽圆形、心形；叶上表面深绿色，有光泽，下面淡绿色或淡黄绿色，无毛或疏生鳞片；侧脉和网脉两面均明显。

伞形花序单个顶生，或 2 ~ 7 个总状排列或伞房状排列成圆锥花序，直径 1.5 ~ 2.5cm，有花 5 ~ 40 朵；花萼密生棕以鳞片，长约 2mm，边缘近全缘；花瓣 5，三角状卵形，长 3 ~ 3.5mm，淡黄白色或淡绿白以，外面有鳞片；雄蕊 5，花丝长 2 ~ 3mm，花药紫色；子房下位，5 室，花柱全部合生成柱状；花盘隆起，黄色。

果实圆球形，直径 7 ~ 13mm，红色或黄色，宿存花柱长 1 ~ 1.5mm。花期 9 ~ 11 月，果期翌年 3 ~ 5 月。

2. 生长环境

阴性藤本植物，也能生长在全光照的环境中，在温暖湿润的气候条件下生长良好，不耐寒。对土壤要求不严，喜湿润、疏松、肥沃的土壤，不耐盐碱。

常攀缘于林缘树木、林下路旁、岩石和房屋墙壁上，庭园也常有栽培。

3. 主要价值

（1）绿化

在庭院中可用以攀缘假山、岩石，或在建筑阴面作垂直绿化材料。在华北宜选小气候良好的稍荫环境栽植。也可盆栽供室内绿化观赏用。常春藤绿化中已得到广泛应用，尤其在立体绿化中发挥着举足轻重的作用。它不仅可达到绿化、美化效果，同时也发挥着增氧、降温、减尘、减少噪音等作用，是藤本类绿化植物中用得最多的材料之一。

纳米吸附：孔隙的孔径在 0.27 ~ 0.98 纳米之间，呈晶体排列。同时具有弱电性，甲醛、氨、苯、甲苯、二甲苯的分子直径都在 0.4 ~ 0.62 纳米之间，且都是极性分子，具有优先吸附甲醛、苯、TVOC 等有害气体的特点，达到净化室内空气的效果。

常春藤是室内垂吊栽培、组合栽培、绿雕栽培以及室外绿化应用的重要素材。常春藤为木质常绿藤本。以发达的吸附性气生根攀缘，茎长可达 30 米。枝叶稠密，四季常绿，耐修剪，适于做造型。

（2）药用

【异名】土鼓藤（《本草拾遗》），龙鳞薜荔（《日华子本草》），尖叶薜荔（《普济方》），三角风；三角尖（《纲目》），上树蜈蚣（《分类草药性》），爬墙虎、械枫、尖角枫、山葡萄，狗姆蛇（《中国树木分类学》），钻天风（《四川中药志》），百脚蜈蚣（《中国药植图鉴》），钻矢风，枫荷梨藤（江西《草药手册》），风藤草（《西藏常用中草药》），犁头南枫藤，三角箭，土枫藤、散骨风，三叶木莲（《浙江民间常用草药》）。

常春藤属植物中华常春藤以全株入药。全年可采，切段晒干或鲜用。

【性味归经】苦、辛，温。

①《本草拾遗》："苦。"

②《本草再新》："味苦，性微寒，无毒。"

③《西藏常用中草药》："性平，味甘。"

【功能主治】祛风利湿，活血消肿，平肝，解毒。用于风湿关节痛，腰痛，跌打损伤，肝炎、头晕、口眼蜗斜、衄血、目翳、急性结膜炎，肾炎水肿，闭经、痈疽肿毒，荨麻疹，湿疹。

【附方】

①治肝炎：常春藤、败酱草，煎水服。（江西《草药手册》）

②治关节风痛及腰部酸痛：常春藤茎及根三至四钱，黄酒、水各半煎服；并用水煎汁洗患处。（《浙江民间常用草药》）

③治产后感风头痛：常春藤三钱，黄酒炒，加红枣七个，水煎，饭后服。（《浙江民间常用草药》）

④治疗疮黑凹：用发绳扎住，将尖叶薜荔捣汁，和蜜一盏服之。外以葱蜜捣敷四围。（《圣惠方》）

⑤治一切痈疽：龙鳞薜荔一握。研细，以酒解汁，温服。利恶物为妙。（《外科精要》）

⑥治衄血不止：龙鳞薜荔研水饮之。（《圣济总录》）

⑦托毒排脓：鲜常春藤一两，水煎，加水酒兑服。（江西《草药手册》）

⑧治疗疮痈肿：鲜常春藤二两，水煎服；外用鲜常春藤叶捣烂，加糖及烧酒少许捣匀，外敷。（江西《草药手册》）

⑨治口眼歪斜：三角风五钱，白风藤五钱，钩藤七个。泡酒一斤。每服药酒五钱，或蒸酒适量服用。（《贵阳民间药草》）

⑩治皮肤痒：三角风全草一斤。熬水沐浴，每三天一次，经常洗用。（《贵阳民间药草》）

【用法用量】内服：煎汤，5～15克；浸酒或捣汁。外用：煎水洗或捣敷。

（3）生态

在10平方米左右的房间内，可消灭70%的苯、50%的甲醛和24%的三氯乙烯，一盘常青藤甲醛的吸附量相当于10克椰维炭的甲醛吸附量。由于新装修的房子甲醛等有害气体一直不断的持续释放，因此环保专家建议，装修后保持多通风，养几盆常春藤绿色植物，一般新房空置3～6个月后基本可达到入住标准。

4. 常春藤习性

阴性，喜温暖，不耐寒。

5. 园林用途

攀缘墙垣、山石、盆栽。

图2-4-9　常春藤

（八）紫穗槐

紫穗槐（学名：Amorpha fruticosa Linn.）豆科落叶灌木，高1～4米。枝褐色、被柔毛，后变无毛，叶互生，基部有线形托叶，穗状花序密被短柔毛，花有短梗；花萼被疏毛或几无毛；旗瓣心形，紫色。荚果下垂，微弯曲，顶端具小尖，棕褐色，表面有凸起的疣状腺点。花、果期5～10月。

紫穗槐原产美国东北部和东南部，中国东北、华北、西北及山东、安徽、江苏、河南、湖北、广西、四川等省区均有栽培。紫穗槐系多年生优良绿肥，蜜源植物，耐瘠，耐水湿和轻度盐碱土，又能固氮。叶量大且营养丰富，含大量粗蛋白、维生素等，是营养丰富的饲料植物。

1. 形态特征

落叶灌木，丛生，高1～4米。小枝灰褐色，被疏毛，后变无毛，嫩枝密被短柔毛。叶互生，奇数羽状复叶，长10～15厘米，有小叶11～25片，基部有线形托叶；叶柄长1～2厘米；小叶卵形或椭圆形，长1～4厘米，宽0.6～2.0厘米，先端圆形，锐尖或微凹，有一短而弯曲的尖刺，基部宽楔形或圆形，上面无毛或被疏毛，下面有白色短柔毛，具黑色腺点。

穗状花序常 1 至数个顶生和枝端腋生，长 7 ~ 15 厘米，密被短柔毛；花有短梗；苞片长 3 ~ 4 毫米；花萼长 2 ~ 3 毫米，被疏毛或几无毛，萼齿三角形，较萼筒短；旗瓣心形，紫色，无翼瓣和龙骨瓣；雄蕊 10，下部合生成鞘，上部分裂，包于旗瓣之中，伸出花冠外。荚果下垂，长 6 ~ 10 毫米，宽 2 ~ 3 毫米，微弯曲，顶端具小尖，棕褐色，表面有凸起的疣状腺点。花、果期 5 ~ 10 月。

2. 分布范围

紫穗槐原产美国东北部和东南部，系多年生优良绿肥，蜜源植物，耐瘠，耐水湿和轻度盐碱土，又能固氮。现中国东北、华北、西北及山东、安徽、江苏、河南、湖北、广西、四川等省区均有栽培。

3. 主要价值

（1）药用

花：清热，凉血，止血。

（2）观赏

枝叶繁密，又为蜜源植物。根部有根疣可改良土壤，枝叶对烟尘有较强的吸附作用。

又可用作水土保持、被覆地面和工业区绿化月常作防护林带的林木用。是黄河和长江流域很好的水土保持植物。枝叶作绿肥；枝条用以编筐；果实含芳香油，种子含油 10%。叶含紫穗槐甙（是黄酮甙，水解后产生芹菜素）、干叶胡萝卜素含量可达 270 毫克／千克；根与茎含紫穗槐甙、糖类；为蜜源植物。

紫穗槐为高肥效高产量的"铁杆绿肥"。据分析，每 500 公斤紫穗槐嫩枝叶含氮 6.6 公斤、磷 1.5 公斤、钾 3.9 公斤。紫穗槐可一种多收，当年定植秋季每亩收青枝叶 5000 多公斤，种植 2 ~ 3 年后，每亩每年可采割 1500 ~ 2500 公斤，足够供三四亩地的肥料。多有根瘤菌，用于改良土壤又快又好。

（3）经济

紫穗槐叶量大且营养丰富，含大量粗蛋白、维生素等，是营养丰富的饲料植物。新鲜饲料虽有涩味，但对牛羊的适食性很好，鲜喂或干喂，牛、羊、兔均喜食。紫穗槐每 500 公斤风干叶含蛋白质 12.8 公斤、粗脂肪 15.5 公斤、粗纤维 5 公斤，可溶性无氮浸出物 209 公斤。粗蛋白的含量为紫花苜蓿的 125%。干叶中必需氨基酸的含量是：赖氨酸 1.68%、蛋氨酸 0.09%、苏氨酸 1.03%、异量氨酸 1.11%、组氨酸 0.55%、亮氨酸 1.25%。每公斤叶粉中含胡萝卜素 270 毫克。每亩紫穗槐可产 1000 公斤鲜叶。主要用作猪的饲料。常以鲜叶发酵煮熟饲喂。粗加工后既可成为猪、羊、牛、兔、家禽的高效饲料；种子经煮脱苦味后，可做家禽、家畜的饲料。

（4）编筐

紫穗槐枝条柔韧细长，干滑均匀，用作绿肥春季割一茬绿肥、秋季收获一茬编织条，还是编织筐、篓的好材料。紫穗槐虽为灌木，但枝条直立匀称，可以经整形培植为直立单株，树形美观。对城市中二氧化硫有一定的抗性，也是难得的城市绿化树种。

（5）饲用

紫穗槐是很好的饲料植物，叶量大且营养丰富，枝叶可直接利用也可调制成草粉。紫穗槐每 500 千克风干叶含蛋白质 12.8 千克、粗脂肪 15.5 千克、粗纤维 5 千克，可溶性无氮浸出物 209 千克。粗蛋白的含量为紫花苜蓿的 125%。干叶中必需氨基酸的含量为赖氨酸 1.68%、蛋氨酸 0.09%、苏氨酸 1.03%、异亮氨酸 1.11%、组氨酸 0.55%、亮氨酸 1.25%。

（6）防护林

紫穗槐抗风力强，生长快，生长期长，枝叶繁密，是防风林带紧密种植结构的首选树种。紫穗槐郁闭度强，截留雨量能力强，萌蘖性强，根系广，侧很多，生长快，不易生病虫害，具有根瘤，改土作用强，是保持水土的优良植物材料。

4. 紫穗槐习性

紫穗槐喜欢干冷气候，在年均气温 10℃ ~ 16℃，年降水量 500 ~ 700 毫升的华北地区生长最好。耐寒性强，耐干旱能力也很强，能在降水量 200 毫升左右地区生长。也具有一定的耐淹能力，虽浸水 1 个月也不至死亡。对光线要求充足。对土壤要求不严。

5. 园林用途

广泛用于道路护坡、园林绿化、营造防护林等，紫穗槐对城市中二氧化硫有一定的抗性，是难得的城市绿化树种。

图2-4-10　紫穗槐

（九）夹竹桃

夹竹桃（学名: Nerium indicum Mill.）夹竹桃族夹竹桃属常绿直立大灌木，高可达 5 米，枝条灰绿色，嫩枝条具棱，被微毛，老时毛脱落。叶 3 ~ 4 枚轮生，叶面深绿，叶背浅绿色，中脉在叶面陷入，叶柄扁平，聚伞花序顶生，花冠深红色或粉红色，花冠为单瓣呈 5 裂时，其花冠为漏斗状，种子长圆形，花期几乎全年，夏秋为最盛；果期一般在冬春季，栽培很少结果。

中国各省区有栽培，尤以中国南方为多，常在公园、风景区、道路旁或河旁、湖旁周围栽培；长江以北栽培者须在温室越冬。野生于伊朗、印度、尼泊尔；现广植于世界热带地区。

花大、艳丽、花期长，常作观赏；用插条、压条繁殖，极易成活。茎皮纤维为优良混纺原料；种子含油量约为 58.5%，可榨油供制润滑油。叶、树皮、根、花、种子均含有多种配醣体，毒性极强，人、畜误食能致死。叶、茎皮可提制强心剂，但有毒，用时需慎重。

1. 形态特征

常绿直立大灌木，高达 5 米，枝条灰绿色，含水液；嫩枝条具棱，被微毛，老时毛脱落。叶 3 ~ 4 枚轮生，下枝为对生，窄披针形，顶端急尖，基部楔形，叶缘反卷，长 11 ~ 15 厘米，宽 2 ~ 2.5 厘米，叶面深绿，无毛，叶背浅绿色，有多数洼点，幼时被疏微毛，老时毛渐脱落；中脉在叶面陷入，在叶背凸起，侧脉两面扁平，纤细，密生而平行，每边达 120 条，直达叶缘；叶柄扁平，基部稍宽，长 5 ~ 8 毫米，幼时被微毛，老时毛脱落；叶柄内具腺体。

聚伞花序顶生，着花数朵；总花梗长约 3 厘米，被微毛；花梗长 7 ~ 10 毫米；苞片披针形，长 7 毫米，宽 1.5 毫米；花芳香；花萼 5 深裂，红色，披针形，长 3 ~ 4 毫米，宽 1.5 ~ 2 毫米，外面无毛，内面基部具腺体；花冠深红色或粉红色，栽培演变有白色或黄色，花冠为单瓣呈 5 裂时，其花冠为漏斗状，长和直径约 3 厘米，其花冠筒圆筒形，上部扩大呈钟形，长 1.6 ~ 2 厘米，花冠筒内面被长柔毛，花冠喉部具 5 片宽鳞片状副花冠，每片其顶端撕裂，并伸出花冠喉部之外，花冠裂片倒卵形，顶端圆形，长 1.5 厘米，宽 1 厘米；花冠为重瓣呈 15 ~ 18 枚时，裂片组成三轮，内轮为漏斗状，外面二轮为辐状，分裂至基部或每 2 ~ 3 片基部连合，裂片长 2 ~ 3.5 厘米，宽约 1 ~ 2 厘米，每花冠裂片基部具长圆形而顶端撕裂的鳞片；雄蕊着生在花冠筒中部以上，花丝短，被长柔毛，花药箭头状，内藏，与柱头连生，基部具耳，顶端渐尖，药隔延长呈丝状，被柔毛；无花盘；心皮 2，离生，被柔毛，花柱丝状，长 7 ~ 8 毫米，柱头近球圆形，顶端凸尖；每心皮有胚珠多颗。

蓇葖 2，离生，平行或并连，长圆形，两端较窄，长 10 ~ 23 厘米，直径 6 ~ 10 毫米，绿色，无毛，具细纵条纹；种子长圆形，基部较窄，顶端钝、褐色，种皮被锈色短柔毛，顶端具黄褐色绢质种毛；种毛长约 1 厘米。花期几乎全年，夏秋为最盛；果期一般在冬春季，栽培很少结果。

2. 栽培技术

（1）修剪

夹竹桃顶部分枝有一分三的特性，根据需要可修剪定形。如需要三叉九顶形，可于三叉顶部剪去一部分，便能分出九顶。如需九顶十八枝，可留六个枝，从顶部叶腋处剪去，便可生出十八枝。修剪时间应在每次开花后。在北方，夹竹桃的花期为 4 ~ 10 月份。开谢的花要及时摘去，以保证养分集中。

一般分四次修剪：一是春天谷雨后；二是 7、8 月间；三是 10 月间，四是冬剪。如需在室内开花，要移到室内 15℃ 左右的阳光处。开花后立即进行修剪，否则，花少且小，甚至不开花。通过修剪，使枝条分布均匀，花大花艳，树形美。

（2）疏根

夹竹桃毛细根生长较快。三年生的夹竹桃，栽在直径 20 厘米的盆中，当年 7 月份前即可长满根，形成一团球，妨碍水分和肥料的渗透，影响生长。如不及时疏根，会出现枯萎、落叶、死亡等情况。疏根时间最好选在 8 月初 ~ 9 月下旬。此时根已休眠，是疏根的好机会。

疏根方法：用快铲子把周围的黄毛根切去；再用三尖钩，顺主根疏一疏。大约疏去一半或三分之一的黄毛根，再重新栽在盆内。疏根后，放在荫处浇透水，使盆土保持湿润。保荫 14 天左右，再移至阳光处。地栽夹竹桃，在 9 月中旬，也应在主杆周围切切黄毛根。切根后浇水，施稀薄的液体肥。

（3）肥水

夹竹桃是喜肥水，喜中性或微酸性土壤的花卉。上肥，应保持占盆土 20% 左右的有机土杂肥。如用于鸡粪，有 15% 足可。施肥时间：清明前一次，秋分后一次。方法：在盆边挖环状沟，施入肥料然后覆土。清明施肥后，每隔十天左右追施一次加水沤制的豆饼水；秋分施肥后，每十天左右追施一次豆饼水或花生饼水，或十倍的鸡粪液。没有上述肥料，可用腐熟七天以上的人尿加水 5 ~ 7 倍，沿盆边浇下，然后浇透水。含氮素多的肥料，原则是稀、淡、少、勤，严防烧烂根部。

浇水适当，是管理好夹竹桃的关键。冬夏季浇水不当，会引起落叶、落花，甚至死亡。春天每天浇一次，夏天每天早晚各浇一次，使盆土水分保持 50% 左右。叶面要经常喷水。过分干燥，容易落叶、枯萎。冬季可以少浇水，但盆土水分应保持 40% 左右。叶面要常用清水冲刷灰尘。如令其冬天开花，可使室温保持 15℃ 以上；如果冬季不使其开花，可使室温降至 7 ~ 9℃，放在室内不见阳光的光亮处。北方在室外地栽的夹竹桃，需要用草苫包扎，防冻防寒，在清明前后去掉防寒物。虽然夹竹桃好管理，但也不能麻痹。

（4）盆栽

盆栽夹竹桃，除了要求排水良好外，还需肥力充足。春季萌发需进行整形修剪，对植株中的徒长枝和纤弱枝，可以从基部剪去，对内膛过密枝，也宜疏剪一部分，同时在修剪口涂抹愈伤防腐膜保护伤口，使枝条分布均匀，树形保持丰满。经 1 ~ 2 年，进行一次换盆，换盆应在修剪后进行。夏季是夹竹桃生长旺盛和开花时期，需水量大，每天除早晚各浇一次水外，如见盆土过干，应再增加一次喷水，以防嫩枝萎蔫和影响花朵寿命。9月以后要扣水，抑制植株继续生长，使枝条组织老熟，增加养分积累，以利安全越冬。越冬的温度需维持在 8 ～ 10℃，低于 0℃气温时，夹竹桃会落叶。夹竹桃系喜肥植物，盆栽除施足基肥外，在生长期，每月应追施一次肥料。

3. 主要价值

观赏价值：夹竹桃的叶片如柳似竹，红花灼灼，胜似桃花，花冠粉红至深红或白色，有特殊香气，花期为 6 ～ 10 月，是有名的观赏花卉。

4. 夹竹桃生长习性

喜温暖湿润的气候，耐寒力不强，在中国长江流域以南地区可以露地栽植，但在南京有时枝叶冻枯，小苗甚至冻死。在北方只能盆栽观赏，室内越冬，白花品种比红花品种耐寒力稍强；夹竹桃不耐水湿，要求选择高燥和排水良好的地方栽植，喜光好肥，也能适应较阴的环境，但庇荫处栽植花少色淡。萌蘖力强，树体受害后容易恢复。

5. 园林用途

庭院观赏、丛植。

图2-4-11　夹竹桃

（十）扶芳藤

扶芳藤（学名：Euonymus fortunei（Turcz.）Hand.-Mazz）：卫矛科卫矛属常绿藤本灌木。高可达数米；小枝方棱不明显。叶椭圆形，长方椭圆形或长倒卵形，革质、边缘齿浅不明显，聚伞花序；小聚伞花密集，有花，分枝中央有单花，花白绿色，花盘方形，花丝细长，花药圆心形；子房三角锥状，蒴果粉红色，果皮光滑，近球状，种子长方椭圆状，棕褐色，6 月开花，10 月结果。

扶芳藤中国分布较广，黄河流域以南广大地区均有分布。生长于山坡丛林、林缘或攀缘于树上或墙壁上。该种生长旺盛，终年常绿，是庭院中常见地面覆盖植物。适宜点缀在墙角、山石等。其攀缘能力不强，不适宜作立体绿化。可对植株加以整形，使之成悬崖式盆景，置于书桌、几架上，给居室增加绿意。

1. 形态特征

常绿藤本灌木，高1至数米；小枝方梭不明显。叶薄革质，椭圆形、长方椭圆形或长倒卵形，宽窄变异较大，可窄至近披针形，长3.5～8厘米，宽1.5～4厘米，先端钝或急尖，基部楔形，边缘齿浅不明显，侧脉细微和小脉全不明显；叶柄长3～6毫米。

聚伞花序3～4次分枝；花序梗长1.5～3厘米，第一次分枝长5～10毫米，第二次分枝5毫米以下，最终小聚伞花密集，有花4～7朵，分枝中央有单花，小花梗长约5毫米；花白绿色，4数，直径约6毫米；花盘方形，直径约2.5毫米；花丝细长，长2～5毫米，花药圆心形；子房三角锥状，四棱，粗壮明显，花柱长约1毫米。

蒴果粉红色，果皮光滑，近球状，直径6～12毫米；果序梗长2～3.5厘米；小果梗长5～8毫米；种子长方椭圆状，棕褐色，假种皮鲜红色，全包种子。花期6月，果期10月。

2. 栽培技术

（1）选地整地

林下或山地均可种植，以疏松、肥沃的砂质壤土为佳。种植前先整地，让土壤熟化。第一次深翻土25～30厘米，同时拣去草根和石块；第二次深翻土也是25～30厘米，并作高或平畦，畦宽、畦高可因地制宜。种植前每公顷施充分腐熟的厩肥、土杂肥、草木灰等混合肥30000公斤作基肥，先撒在畦面，再深翻入土，后整平畦面。植地四周宜开环山排水沟。

（2）扦插育苗

选择背风向阳、近水源、土壤疏松肥沃、排水良好的东面或东南面坡地作苗圃，先耙平整细，后起畦。一年四季均可育苗，但以2～4月为好，如夏季育苗需搭遮阴棚，冬季育苗应有塑料大棚保温。选择1～2年生无病虫害、健壮、半木质化的成熟藤茎，剪下后截成长约10厘米的枝条作插穗，插穗上端剪平，下端剪成斜口，切勿压裂剪口。上部保留2～3片叶，下部叶片全部除去，扦插前选用500ml/L萘乙酸浸泡插条下部15～20s。按行距为5厘米开沟，将插穗以3厘米的株距整齐斜摆在沟内，插的深度以插条下端2/3入土为宜，插后覆土压实插条四周土壤，并淋透定根水。一般插后25～30天即可生根，成活率达90%以上。苗床要经常淋水，土壤持水量保持在50%～60%之间，空气湿度保持在85%以上，温度控制在25～30℃以内。注意根除杂草，每隔10天除草1次，插后40天结合除草每公顷施稀薄粪水15000公斤，以后每隔20天施1次肥，以稀薄农家粪水为主，每 100 公斤粪水外加尿素 0.2 公斤溶解均匀后淋施。扦插后 5 ～ 6 个月，幼苗高 20 厘米以上且有 2 个以上分枝时，可以出圃种植。

扦插苗生根快，根系多，一年四季均可种植。选择 3 月上旬到 4 月下旬的阴雨天或晴天下午移栽为宜。按行距 25 ～ 30 厘米开沟，株距约 15 厘米摆放，边摆 30 厘米×15 ～ 20 厘米开穴种植，每穴种苗 1 ～ 2 株，淋足定根水。苗木移栽 5 ～ 6 天后即可恢复生长。

（3）田间管理

定植后如遇天旱，每天淋水 1 次，1 周后每周淋水 1 次，直至成活为止。也可用秸秆或杂草覆盖树盘，成活后一般不用淋水。种植成活后，如发现有缺株，应及时补上同龄苗木，以保证全苗生产。由于扶芳藤前期生长较慢，杂草较多，每月应进行 1 ～ 2 次中耕除草。施肥以腐熟农家肥为主，严禁使用未腐熟农家肥、城镇生活垃圾肥、工业废弃物和排泄物。禁止单纯使用化肥，限制使用硝态氮肥。化肥可与农家肥、微生物肥配合施用，有机氮与无机氮之比以 1：1 为宜。定植后第 1 年，当苗高 1m 左右时，结合除草、培土，每公顷施入腐熟农家肥 30000 公斤、尿素 300 公斤或生物有机肥 750 公斤，行间开沟施用；穴栽的可在植株根部开穴施肥，每穴施入农家肥 0.5 公斤。第 2 年以后，每年春夏季（4 ～ 5 月）、冬季（11 ～ 12 月）各施肥 1 次，并结合除草、松土，采用行间开沟施肥方式，以腐熟农家肥为主，每公顷用量为 30000 ～ 37500 公斤，如春季施肥，每公顷宜追加复合肥 300 公斤或生物有机肥 750 公斤。

3．主要价值

（1）药用

【入药来源】为卫矛科植物扶芳藤的带叶茎枝。

【性味归经】

①《本草拾遗》：味苦，小温，无毒。

②《贵州民间药物》：性平，味辛。

【功能主治】舒筋活络，止血消瘀。治腰肌劳损，风湿痹痛，咯血，血崩，月经不调，跌打骨折，创伤出血。

①《本草拾遗》：主一切血，一切气，一切冷，大主风血。以酒浸服。

②《贵州民间药物》：活血，杀虫。治跌打损伤。

③《广西药植名录》：通经。治血崩，吐血。

④《浙江天目山药植志》：行气活血。治腰膝疼痛，关节酸痛。

【用法用量】内服：煎汤，15 ～ 30g；或浸酒，或入丸、散。外用：适量，研粉调敷，或捣敷，或煎水熏洗。

①治跌打损伤：岩青杠茎 100 克。泡酒服。（《贵州民间药物》）

②治癫头：岩青杠嫩叶尖 50 克。捣烂，调煎鸡蛋 1 ～ 2 个，摊纸上，做成帽样，戴头上；

三天后，又将岩青杠嫩叶尖混合核桃肉捣烂包于头上，一天换一次。（《贵州民间药物》）

③治腰肌劳损，关节酸痛：扶芳藤 50 克，大血藤 25 克，梵天花根 25 克。水煎，冲红糖、黄酒服。（《浙江民间常用草药》）

④治慢性腹泻：扶芳藤 50 克，白扁豆一荫，红枣十枚。水煎服。（《浙江民间常用草药》）

⑤治咯血：扶芳藤 30 克。水煎服。（江西《草药手册》）

⑥治风湿疼痛：扶芳藤泡酒，日服二次。（《文山中草药》）

⑦治骨折（复位后小夹板固定）：扶芳藤鲜叶捣敷患处，1 ~ 2 天换药一次。（《文山中草药》）

⑧治创伤出血：换骨筋茎皮研粉撒敷。（《云南思茅中草药选》）

（2）园林

扶芳藤为地而覆盖的最佳绿化观叶植物，特别是它的彩叶变异品种，更有较高的观赏价值。夏季黄绿相容，有如绿色的海洋泛起金色的波浪；到了秋冬季，则叶色艳红，又成了一片红海洋，实为园林彩化绿化的优良植物。

扶芳藤在园林绿化美化中有多种用途：扶芳藤有很强的攀缘能力，在园林绿化上常用于掩盖墙面、山石，或攀缘在花格之上，形成一个垂直绿色屏障；垂直绿化配置树种时，扶芳藤可与爬山虎隔株栽种，使两种植物同时攀缘在墙壁上，到了冬天，爬山虎落叶休眠，扶芳藤叶片红色光泽，郁郁葱葱，显得格外优美；扶芳藤耐阴性特强，种植于建筑物的背阴面或密集楼群阳光不能直射处，亦能生长良好，表现出顽强的适应能力；扶芳藤培养成"球型"，可与大叶黄杨球相媲美。

扶芳藤生长快，极耐修剪，而老枝干上的隐芽萌芽力强，故成球后，基部枝叶茂盛丰满，非常美观。扶芳藤冬季耐寒，它已越来越多地应用于北京的园林绿化中。

扶芳藤能抗二氧化硫、三氧化硫、氧化氢、氯、氟化氢、二氧化氮等有害气体，可作为空气污染严重的工矿区环境绿化树种。

4. 扶芳藤生长习性

性喜温暖、湿润环境，喜阳光，亦耐阴。在雨量充沛、云雾多、土壤和空气湿度大的条件下，植株生长健壮。对土壤适应性强，酸碱及中性土壤均能正常生长，可在砂石地、石灰岩山地栽培，适于疏松、肥沃的沙壤土生长，适生温度为 15 ~ 30℃。

5. 园林用途

攀缘墙垣、山石、老树干。

图2-4-12　扶芳藤

（十一）红花锦鸡儿

灌木，高0.4～1米。树皮绿褐色或灰褐色，小枝细长，具条棱，托叶在长枝者成细针刺，长3～4毫米，短枝者脱落；叶柄长5～10毫米，脱落或宿存成针刺；叶假掌状；小叶4，楔状倒卵形，长1～2.5厘米，宽4～12毫米，先端圆钝或微凹，具刺尖，基部楔形，近革质，上面深绿色，下面淡绿色，无毛，有时小叶边缘、小叶柄、小叶下面沿脉被疏柔毛。花梗单生，长8～18毫米，关节在中部以上，无毛；花萼管状，不扩大或仅下部稍扩大，长7～9毫米，宽约4毫米，常紫红色，萼齿三角形，渐尖，内侧密被短柔毛；花冠黄色，常紫红色或全部淡红色，凋时变为红色，长20～22毫米，旗瓣长圆状倒卵形，先端凹入，基部渐狭成宽瓣柄，翼瓣长圆状线形，瓣柄较瓣片稍短，耳短齿状，龙骨瓣的瓣柄与瓣片近等长，耳不明显；子房无毛。荚果圆筒形，长3～6厘米，具渐尖头。花期4～6月，果期6～7月。

产东北、华北、华东及河南、甘肃南部。生于山坡及沟谷。模式标本采自中国。

1. 红花锦鸡儿习性

性喜光，耐寒，耐干燥寒，耐干燥瘠薄土地。

2. 园林用途

观赏和山野地被水土保持植物。

图2-4-13　红花锦鸡儿

（十二）火棘

火棘（Pyracantha fortuneana（Maxim.）Li），常绿灌木或小乔木，高可达3m，通常采用播种、扦插和压条法繁殖。火棘树形优美，夏有繁花，秋有红果，果实存留枝头甚久，在庭院中做绿篱以及园林造景材料，在路边可以用作绿篱，美化、绿化环境。具有良好的滤尘效果，对二氧化硫有很强吸收和抵抗能力。以果实、根、叶入药，性平，味甘、酸，叶能清热解毒，外敷治疮疡肿毒，是一种极好的春季看花、冬季观果植物。

1. 形态特征

常绿灌木，高达3米；侧枝短，先端成刺状，嫩枝外被锈色短柔毛，老枝暗褐色，无毛；芽小，外被短柔毛。叶片倒卵形或倒卵状长圆形，长1.5～6厘米，宽0.5～2厘米，先端圆钝或微凹，有时具短尖头，基部楔形，下延连于叶柄，边缘有钝锯齿，齿尖向内弯，近基部全缘，两面皆无毛；叶柄短，无毛或嫩时有柔毛。

花集成复伞房花序，直径3～4厘米，花梗和总花梗近于无毛，花梗长约1厘米；花直径约1厘米；萼筒钟状，无毛；萼片三角卵形，先端钝；花瓣白色，近圆形，长约4毫米，宽约3毫米；雄蕊20，花丝长3～4毫米，药黄色；花柱5，离生，与雄蕊等长，子房上部密生白色柔毛。果实近球形，直径约5毫米，橘红色或深红色。花期3～5月，果期8～11月。

2. 栽培技术

（1）造林

果用林选择地势平坦，富含有机质的砂质壤土，按株行距2米×2米挖0.6～0.8米深的坑，填入基肥和表土，栽入穴中，踏实，浇足定根水。

（2）抚育管理

1）施肥每年11月～12月施1次基肥，在距根茎80厘米沿树挖4～6个放射状施肥沟，深30厘米，每坑施有机肥3～5公斤，花前和坐果期各追施尿素1次，每株施0.25公斤。

2）灌水分别在开花前后和夏初各灌水 1 次，有利于火棘的生长发育，冬季干冷气候地区，进入休眠期前应灌 1 次封冬水。

3）整形火棘自然状态下，树冠杂乱而不规整，内膛枝条常因光照不足呈纤细状，结实力差，为促进生长和结果，应整形修剪。火棘成枝能力强，侧枝在干上多呈水平状着生，可将火棘整成主干分层形，离地面 40 厘米为第一层，3 ~ 4 个主枝，第二层离第一层 30 厘米，由 2 ~ 3 个主枝组成，第三层距第二层 30 厘米，由 2 个主枝组成，层与层间有小枝着生。

4）整枝火棘易成枝，但连续结果差，自然状态下仅 10% 左右，因此应对结果枝年年进行整枝，对多年生结果枝回缩，促使抽生新梢。火棘成花能力极强，对过繁的花枝要短截促其抽生营养枝，并于花前人工或化学疏除半数以上的花序以及过密枝、细弱枝，使光线能直接照进内膛，年修剪量以花枝量为准，叶和花序比为 70 ：1 为佳。

（3）适生场所

火棘属亚热带植物，性喜温暖湿润而通风良好、阳光充足、日照时间长的环境生长，最适生长温度 20 ~ 30℃。另外，火棘还具有较强的耐寒性，在 0℃ ~ 16℃仍能正常生长，并安全越冬。如在冬季气温高于 10℃的地方种植，植株休眠不利，就会影响翌年开花结果。火棘虽耐瘠薄，对土壤要求不严，但为了植株生长发育良好；还是应选择土层深厚；土质疏松，富含有机质，较肥沃，排水良好，pH5.5 ~ 7.3 的微酸性土壤种植为好。

（4）施肥

火棘施肥应依据不同的生长发育期进行。移栽定植时要下足基肥，基肥以豆饼、油柏、鸡粪和骨粉等有机肥为主，定植成活 3 个月再施无机复合肥；之后，为促进枝干的生长发育和植株尽早成形，施肥应以氮肥为主；植株成形后，每年在开花前，应适当多施磷、钾肥，以促进植株生长旺盛，有利植株开花结果。开花期间为促进坐果，提高果实质量和产量，可酌施 0.2% 的磷酸二氢钾水溶液。冬季停止施肥，将有利火棘度过休眠期。

（5）浇水

火棘耐干旱，但春季土壤干燥，可在开花前浇肥 1 次，要灌足。开花期保持土壤偏干，有利坐果；故不要浇水过多。如果花期正值雨季，还要注意挖沟、排水，避免植株因水分过多造成落花。果实成熟收获后，在进入冬季休眠前要灌足越冬水。

（6）整形

火棘自然状态下，树冠杂乱而不规整，内膛枝条常因光照不足呈纤细状，结实力差，为促进生长和结果，每年要对徒长枝、细弱枝和过密枝进行修剪，以利通风透光和促进新梢生长。火棘成枝能力强，侧枝在干上多呈水平状着生，可将火刺整成主干分层形，离地友 40cm 为第一层，3 ~ 4 个主枝组成，第三层距第二层 30cm，由 2 个主枝组成，层与层间有小枝着生。

（7）整枝

在开花期间为使营养集中，当花枝过多或花枝上的花序和每一花序中的小花过于密集时，要注意疏除。火棘易成枝，但连续结果差，自然状态下仅10%左右，因此应对结果枝年进行整枝，对多年生结果枝回缩，促使抽生新梢。对果枝上过密的果实也要适当疏除，这样，既可保证果大、质好，又可避免因当年结果过多，营养消耗过大而出现"大小年"。

火棘成花能力较强，对过繁的花枝要短截促其抽生营养枝，并于花前人工或化学疏除半数以上的花亭以及过密枝、细弱枝，使光线能直接照进内膛，年修剪量以花枝量为准，叶和花亭比为70∶1为佳。结果后，果枝在每年结果后都要进行修剪，特别要注意短截长枝只留3~4个节，促其形成结果母枝，提高第2年果实的产量和质量。另外，果实成熟后就要及时采摘，以免继续消耗植株营养，不利翌年开花结果，影响产量。

（8）盆景

火棘盆景四季常绿，株型紧凑，枝叶繁茂，既可观叶观花，亦可观果，因而深受盆景爱好者的青睐。要莳养好火棘盆景，必须把握好以下几个要素。

首先，必须要弄清火棘的生理特点和生长条件。火棘喜湿喜肥，喜光照充足，喜通风良好和温暖湿润的气候环境。它根第发达，喜大肥大水，抽枝快，生长迅速，耐修剪，耐蟠扎；花繁果多，果实初绿后黄，成熟时红色，整个红果几乎可遮严全部叶片，且整个冬春不落，观果期长达半年之久。因此，需要保证水肥适当，间干间湿，阳光充足，通风良好，火棘盆景才能正常生长。

第二，莳养火棘盆景的季节性管理。经过冬眠后的火棘植株，由于结果多、果期长、发芽早等特点，帮要及时摘果补肥。摘果是当年花繁果多的必要条件。如果任果实留在植株上，它甚至可以保持到果后次年五六月份不落，这样，既消耗植株本身的大量营养，更不利于当年开花坐果。一般可于夏季适时施以磷钾肥为主的肥料。宁湿勿干。秋季应继续施磷钾肥，促使果实成熟、着色。冬季可于室内观赏，要求通风，温度不可太大，温度不可太高，阳光充足，否则会落叶、发冬芽或过度失水死亡。施肥最好施固体肥料于盆面。如室外越冬，应避干风吹袭，造成伤害。只要盆土干湿得当，-10℃左右的低温都不会造成伤害。

第三，火棘盆景的形态保持。对于成品的火棘盆景来说，春季是又一个生长周期的开始，春末夏初乃至秋季，以修剪和打梢为主。修剪和打梢以保持原株型为主。秋季是又一个生长高峰，禁施氮肥，打梢以摘去顶端优势为好。避免秋梢消耗养分，给越冬和坐果带来不利。

第四，火棘盆景的翻盆。盆土是火棘盆景赖以生存和吸取营养的介质，肥力要足，呈微酸性，较疏松。用土以消毒的无病虫害且较肥的园土或山林中的地表土为好，可拌腐熟基肥、细砂、培养土。盆土可连用1~2年。翻盆最好一年翻一次甚至两次。最好选择秋末或早春，即停止新梢生长后或新梢开始生长前。对于未挂果的营养生长植株，一年四季均可换盆换土。换土须留宿土，剪掉长根，不可窝根，随倒出随装盆，速度要快，以免影响植株生长。全年在遮光和大棚条件下都可翻盆；在自然条件下，以休眠期为好。

（9）病害防治

＊ 火棘白粉病

火棘白粉病是火棘的主要病害之一，侵害火棘叶片、嫩枝、花果。多由光照不足，通风条件差，遮阴时间长而诱发引起。火棘白粉病初期病部出现浅色点、逐渐由点成长，产生近圆形或不规则形粉斑，其上布满白粉状物，形成一层白粉，后期白粉变为灰白色或浅褐色，致使火棘病叶枯黄、皱缩、幼叶常扭曲、干枯甚至整株死亡。

防治方法：

1）清除落叶并烧毁，减少病源。

2）平时放在通风干净的环境中，光照充足，生长旺盛，可大大降低发病率。

3）发病期间喷 0.2 ~ 0.3 波美度的石硫合剂，每半月一次，坚持喷洒 2 ~ 3 次，炎夏可改用 0.5：1：100 或 1：1：100 的波尔多液，或 50% 退菌特 1000 倍液。

此外，在火棘白粉病流行季节，还可喷洒 50% 多菌灵可湿性粉剂 1000 倍液，50% 甲基托布津可湿性粉剂 800 倍液，50% 莱特可湿性粉剂 1000 倍液，进行预防。

3. 主要价值

（1）药用

1）果：消积止痢，活血止血。用于消化不良，肠炎，痢疾，小儿疳积，崩漏，白带，产后腹痛。

2）根：清热凉血。用于虚痨骨蒸潮热，肝炎，跌打损伤，筋骨疼痛，腰痛，崩漏，白带，月经不调，吐血，便血。

3）叶：清热解毒。外敷治疮疡肿毒。

（2）食用

火棘果实含有丰富的有机酸、蛋白质、氨基酸、维生素和多种矿质元素，可鲜食，也可加工成各种饮料。其果实秋季成熟，似火把，可作行道树或庭院栽植。

其根皮、茎皮、果实含丰富的单宁，可用来提取鞣料。火棘根可入药，其性味苦涩，具有止泻、散瘀、消食等功效，果实、叶、茎皮也具类似药效。火棘树叶可制茶，具有清热解毒，生津止渴、收敛止泻的作用。

红果中含有抑制龋齿的活性物质，对人类牙齿防治有积极意义，又是制作牙膏的优质原料。台湾红果红中透亮玲珑如珠，因味似苹果又被称为"袖珍苹果""微果之王"。一颗如珠的红果其维生素 C 的含量相当于一个大苹果，是营养极高的保健型水果。

（3）园林

1）制作绿篱

因其适应性强，耐修剪，喜萌发，作绿篱具有优势。一般城市绿化的土壤较差，建筑垃圾不可能得到很好地清除，火棘在这种较差的环境中生长较好，自然抗逆性强，病虫害也少，只要勤于修剪，当年栽植的绿篱当年便可见效。火棘也适合栽植于护坡之上等。据观察，任其自然发展的火棘枝条一年可长至1.2米，两年可长至2米左右，并开始着花挂果。

2）绿化布置

火棘作为球形布置可以采取拼栽，截枝，放枝及修剪整形的手法，错落有致地栽植于草坪之上，点缀于庭园深处，红彤彤的火棘果使人在寒冷的冬天里有一种温暖的感觉。火棘球规则式地布置在道路两旁或中间绿化带，还能起到绿化美化和醒目的作用。

3）在景区点缀

火棘作为风景林地的配植，可以体现自然野趣。

作盆景和插花材料。火棘耐修剪，主体枝干自然变化多端。火棘的观果期从秋到冬，果实愈来愈红，如武汉东湖磨山盆景园每年展出的火棘盆景，都会引来游客驻足流连。火棘的果枝也是插花材料，特别是在秋冬两季配置菊花、蜡梅等作传统的艺术插花。

4）治理山区石漠化

火棘耐贫瘠、对土壤要求不高、生命力强，其生长的海拔范围在250～2500米均有分布。火棘是治理山区石漠化的良好植物。

4. 火棘习性

喜强光，耐贫瘠，抗干旱，不耐寒；黄河以南露地种植，华北需盆栽，塑料棚或低温温室越冬，温度可低至0℃、水搓子。对土壤要求不严，而以排水良好、湿润、疏松的中性或微酸性壤土为好。

5. 园林用途

基础种植、丛植、花篱。

图2-4-14　火棘

（十三）南天竹

南天竹（学名：Nandina domestica）别名：南天竺，红杷子，天烛子，红枸子，钻石黄，天竹，兰竹；拉丁文名：Nandina domestica. 属毛茛目、小檗科下植物，是我国南方常见的木本花卉种类。由于其植株优美，果实鲜艳，对环境的适应性强，常常出现在园林应用中。常见栽培变种有：玉果南天竹，浆果成熟时为白色；锦丝南天竹，叶色细如丝；紫果南天竹，果实成熟时呈淡紫色；圆叶南天竹，叶圆形，且有光泽。因其形态优越清雅，也常被用以制作盆景或盆栽来装饰窗台、门厅、会场等。

1. 形态特征

常绿小灌木。茎常丛生而少分枝，高 1 ~ 3 米，光滑无毛，幼枝常为红色，老后呈灰色。叶互生，集生于茎的上部，三回羽状复叶，长 30 ~ 50 厘米；二至三回羽片对生；小叶薄革质，椭圆形或椭圆状披针形，长 2 ~ 10 厘米，宽 0.5 ~ 2 厘米，顶端渐尖，基部楔形，全缘，上面深绿色，冬季变红色，背面叶脉隆起，两面无毛；近无柄。

圆锥花序直立，长 20 ~ 35 厘米；花小，白色，具芳香，直径 6 ~ 7 毫米；萼片多轮，外轮萼片卵状三角形，长 1 ~ 2 毫米，向内各轮渐大，最内轮萼片卵状长圆形，长 2 ~ 4 毫米；花瓣长圆形，长约 4.2 毫米，宽约 2.5 毫米，先端圆钝；雄蕊 6，长约 3.5 毫米，花丝短，花药纵裂，药隔延伸；子房 1 室，具 1 ~ 3 枚胚珠。果柄长 4 ~ 8 毫米；浆果球形，直径 5 ~ 8 毫米，熟时鲜红色，稀橙红色。种子扁圆形。花期 3 ~ 6 月，果期 5 ~ 11 月。

2. 栽培技术

（1）繁殖方法

繁殖以播种、分株为主，也可扦插。可于果实成熟时随采随播，也可春播。分株宜在春季萌芽前或秋季进行。扦插以新芽萌动前或夏季新梢停止生长时进行。室内养护要加强通风透光，防止介壳虫发生。

1）种子繁殖

秋季采种，采后即播。在整好的苗床上，按行距 33 厘米开沟，深约 10 厘米，均匀撒种，每公顷播种量为 90 ~ 120 千克。播后，盖草木灰及细土，压紧。第二年幼苗生长较慢，要经常除草，松土，并施清淡人畜粪尿。以后每年要注意中耕除草。追肥，培育 3 年后可出圃定植。移栽宜在春天雨后进行。株行距各为 100 厘米。栽前，带土挖起幼苗，如不能带土，必须用稀泥浆根，栽后才易成活。

2）分株繁殖

春秋两季将丛状植株掘出，抖去宿土，从根基结合薄弱处剪断，每丛带茎干 2 ~ 3 个，需带一部分根系，同时剪去一些较大的羽状复叶，地栽或上盆，培养一两年后即可开花结果。

3）选地整地

选择土层深厚、肥沃、排灌良好的沙壤土。山坡、平地排水良好的中性及微碱性土壤也可栽植。还可利用边角隙地栽培。栽前整成 120 ~ 150 厘米宽的低床或高床。

4）田间管理

南天竹适宜用微酸性土壤，可按沙质土 5 份、腐叶土 4 份，粪土 1 份的比例调制。栽前，先将盆底排水小孔用碎瓦片盖好，加层木炭更好，有利于排水和杀菌。一般植株根部都带有泥土，如有断根、撕碎根、发黑根或多余根应剪去，按常规法加土栽好植株，浇足水后放在荫凉处，约15天后，可见阳光。每隔1～2年换盆一次，通常将植株从盆中扣出，去掉旧的培养土，剪除大部分根系，去掉细弱过矮的技干定干造型，留3～5株为宜，用培养土栽入盆内，蔽荫管护，半个月后正常管理。南天竹在半荫、凉爽、湿润处养护最好。强光照射下，茎粗短变暗红，幼叶"烧伤"，成叶变红；十分荫蔽的地方则茎细叶长，株丛松散，有损观赏价值，也不利结实。南天竹适宜生长温度为20℃左右，适宜开花结实温度为24～25℃，冬季移入温室内，一般不低于0℃。翌年清明节后搬出户外。

南天竹浇水应见干见湿。干旱季节要勤浇水，保持土壤湿润；夏季每天浇水一次，并向叶面喷雾2～3次，保持叶面湿润，防止叶尖枯焦，有损美观。开花时尤应注意浇水，不使盆土发干，并于地面洒水提高空气湿度，以利提高受粉率。冬季植株处于半休眠状态，不要使盆土过湿。浇水时间，夏季宜在早、晚时行，冬季宜在中午进行。南天竹在生长期内，细苗半个月左右施一次薄肥（宜施含磷多的有机肥）。成年植株每年施三次干肥，分别在5、8、10月份进行，第三次应在移进室内越冬时施肥，肥料可用充分发酵后的饼肥和麻酱渣等。施肥量一般第一、二次宜少，第三次可增加用量。在生长期内，剪除根部萌生枝条、密生枝条，剪去果穗较长的枝干，留1、2枝较低的枝干，以保株型美观，以利开花结果。

栽后第一年内在春、夏、冬三季各中耕除草、追肥1次，同时还要补栽缺苗。以后每年只在春季或冬季中耕除草，追肥1次。

南天竹栽后4～5年，冬季可砍收部分老茎干。6～7年后可全株挖起，抖去泥土，除去叶片，把茎干和根破成薄片，晒干备用。10～11月果实变红或黄白色时采收晒干备用。

5）湿度光照

喜欢湿润或半燥的气候环境，要求生长环境的空气相对湿度在50～70%，空气相对湿度过低时下部叶片黄化、脱落，上部叶片无光泽。由于它原产于亚热带地区，因此对冬季的温度的要求很严，当环境温度在8℃以下停止生长。

对光线适应能力较强，放在室内养护时，尽量放在有明亮光线的地方，如采光良好的客厅、卧室、书房等场所。在室内养护一段时间后（一个月左右），就要把它搬到室外有遮阴（冬季有保温条件）的地方养护一段时间（一个月左右），如此交替调换。

（2）园林盆栽

南天竹为常绿灌木。多生于湿润的沟谷旁、疏林下或灌丛中，为钙质土壤指示植物。喜温暖多湿及通风良好的半阴环境。较耐寒。能耐微碱性土壤。花期五月到七月。野生于疏林及灌木丛中，也多栽于庭园。喜温暖湿润气候，不耐寒也不耐旱。喜光，耐阴，强光下叶色变红。适宜含腐殖质的沙壤土生长。早在明清时期，南天竹就被列为古典庭园的造园植物，后又引檀于盆景，深受盆景界的酷爱。但是，这种常绿直立灌木，干高分枝少，春季长势极猛，外形难以控制，给盆景造型带来很大的不利。

在冬季植株进入休眠或半休眠期，要把瘦弱、病虫、枯死、过密等枝条剪掉。也可结合扦插对枝条进行整理。

只要养护得法，它就会生长很快，当生长到一定的大小时，就要考虑给它换个大一点的盆，以让它继续旺盛生长。换盆用的培养土及组分比例可以选用下面的一种：菜园土：炉渣＝3∶1；或者园土：中粗河沙：锯末（茹渣）＝4∶1∶2；或者水稻土、塘泥、腐叶土中的一种。

把要换盆的花放在地上，先用巴掌轻拍盆的四周，使根系受到震动而与盆壁分离，把花盆倒过来放在左手上，左手的食指与中指轻轻夹住植株，手腕与指尖顶住盆沿，右手拍打盆底，再用拇指从底孔把根土向下顶，让植物脱出来。脱出来后，用双掌轻轻拍打盆土，让多余的土壤脱落。

选一适当大小的花盆，盆的底孔用两片瓦片或薄薄的泡沫片盖住，既要保证盆土不被水冲出去，又要能让多余的水能及时流出。瓦片或泡沫上再放上一层陶粒或是打碎的红砖头，作为滤水层，厚约2～3厘米。排水层上再放有肥机肥，厚约1～3厘米，肥料上再一薄层基质，厚约2厘米，以把根系与肥料隔开，最后把植物放进去，填充营养土，离盆口约剩2～3厘米即可。

盆栽整姿采收加工。南天竹栽后4～5年，冬季可砍收部分较老茎干。6～7年后可全株挖起，抖去泥土，除去叶片，把茎干和根砍成薄片，晒干备用。10～11月果实变红或黄白色时采收晒干备用。除此，南天竹枝叶扶疏，秋冬叶色变红，果实累累，在古典园林中常栽植在山石两旁，庭院角落处。小型植株适于盆栽观赏。

3. 注意事项

（1）盆栽宜于每年早春换盆一次。换盆时，去掉部分陈土和老根，施入基肥，填进新的培养土（幼苗期宜用沙土5份、腐叶土4份、腐熟饼肥末1份混合调制，成株期腐熟饼肥末可加至2份）。

（2）夏季放在通风良好的花荫凉处培养，每天浇水时，要向叶面及附近地面喷水1～2次；以提高空气湿度，降低温度。

（3）水肥要因时因生长发育期而异。南天竹喜湿润但怕积水。生长发育期间浇水次数应随天气变化增减，每次都不宜过多。一般春秋季节每天浇水一次，夏季每天浇两次，保持盆土湿润即可。开花时，浇水的时间和水量需保持稳定，防止忽多忽少，忽湿忽干，不然易引起落花落果，冬季植株处于半休眠状态，要控制浇水。若浇水过多易徒长，妨碍休眠，影响来年开花结，果；南天竹喜肥，5～9月，可每15～20天施一次稀薄饼肥水，约每两个月浇一次0.2%硫酸亚铁水。幼苗期施液肥宜淡不宜浓（液肥与水按1∶10），成株期可稍浓些（液肥与水按1∶8）。雨季改施干肥，每月一次，每盆约20～40克。

（4）盆栽的10月上中旬移入室内，入室后放在早晚能受到阳光直射的地方，室温以不结冰即可。每周用温水喷洗一次枝叶，以保持叶片清新。

（5）结合换盆，进行修剪整形，从基部疏去枯枝、细弱枝，促使萌发新枝，一般以保留4～5个枝条为宜。

4．主要价值

（1）药用价值

1）功能主治

湿热黄疸、胃肠炎、尿路感染、眼结膜炎、咳嗽、喘气、百日咳、食积、腹泻、尿血、腰肌劳损。

《贵州民间方药集》："镇咳止喘，兴奋强壮。"

根、茎：清热除湿，通经活络。用于感冒发热，眼结膜炎，肺热咳嗽，湿热黄疸，急性胃肠炎，尿路感染，跌打损伤。

果：苦，平。有小毒。止咳平喘。用于咳嗽，哮喘，百日咳。

用法用量：根、茎 15 ~ 50 克；果 3 钱。

2）注意禁忌

该物种为中国植物图谱数据库收录的有毒植物，其毒性为全株有毒，中毒症状为兴奋，脉搏先快后慢、且不规则、血压下降、肌肉痉挛、呼吸麻痹、昏迷等。

3）临床应用

南天竹含多种生物碱。茎、根含有南天竹碱、小檗碱；茎含原阿片碱，异南天竹碱。另外，茎和叶含木兰碱；果实含异可利定碱、原阿片碱。叶、花蕾及果实均含有氢氰酸。叶尚含穗花杉双黄酮、南天竹甙 A 及南天竹甙 B。叶煎剂对金黄色葡萄球菌、福氏痢疾杆菌、伤寒杆菌、绿脓杆菌、大肠杆菌均有抑制作用。

南丁宁碱之作用较南天竹碱为弱。

（2）观赏价值

茎干丛生，汁叶扶疏，秋冬叶色变红，有红果，经久不落，是赏叶观果的佳品。

5．南天竹习性

南天竹性喜温暖及湿润的环境，比较耐阴。也耐寒。容易养护。栽培土要求肥沃、排水良好的沙质壤土。对水分要求不甚严格，既能耐湿也能耐旱。比较喜肥，可多施磷、钾肥。生长期每月施 1 ~ 2 次液肥。盆栽植株观赏几年后，枝叶老化脱落，可整形修剪，一般主茎留 15cm 左右便可，4 月修剪，秋后可恢复到 1m 高，并且树冠丰满。

常绿灌木。土壤。花期 5 ~ 7 月。野生于疏林及灌木丛中，也多栽于庭园。强光下叶色变红。适宜在湿润肥沃排水良好的沙壤土生长。

6．园林用途

庭院观赏。

图2-4-15　南天竹

（十四）炮仗花

炮仗花，别名：黄鳝藤；拉丁文名：Pyrostegia venusta（Ker ~ Gawl.）Miers 紫葳科、炮仗藤属藤本，具有 3 叉丝状卷须。叶对生；雄蕊着生于花冠筒中部，花丝丝状，花药叉开。子房圆柱形，密被细柔毛，花柱细，柱头舌状扁平，花柱与花丝均伸出花冠筒外。果瓣革质，舟状，内有种子多列，种子具翅，薄膜质。花期长，原产南美洲巴西，在热带亚洲已广泛作为庭园观赏藤架植物栽培。多植于庭园建筑物的四周，攀缘于凉棚上，初夏红橙色的花朵累累成串，状如鞭炮，故有炮仗花之称。

1. 形态特征

炮仗花，藤本，具有 3 叉丝状卷须。叶对生；小叶 2 ~ 3 枚，卵形，顶端渐尖，基部近圆形，长 4 ~ 10 厘米，宽 3 ~ 5 厘米，上下两面无毛，下面具有极细小分散的腺穴，全缘；叶轴长约 2 厘米；小叶柄长 5 ~ 20 毫米。

圆锥花序着生于侧枝的顶端，长约 10 ~ 12 厘米。花萼钟状，有 5 小齿。花冠筒状，内面中部有一毛环，基部收缩，橙红色，裂片 5，长椭圆形，花蕾时镊合状排列，花开放后反折，边缘被白色短柔毛。雄蕊着生于花冠筒中部，花丝丝状，花药叉开。子房圆柱形，密被细柔毛，花柱细，柱头舌状扁平，花柱与花丝均伸出花冠筒外。

果瓣革质，舟状，内有种子多列，种子具翅，薄膜质。花期长，在云南西双版纳热带植物园可长达半年，通常在 1 ~ 6 月。

2. 栽培技术

（1）选地

栽培地点，应选阳光充足、通风凉爽的地点。炮仗花对土壤要求不严，但栽培在富含有机质、排水良好，土层深厚的肥沃土壤中，则生长更茁壮。

植穴要挖大一些，并施足基肥，基肥宜用腐熟的堆肥并加入适量豆饼或骨粉。穴土要混拌均匀，并需浇 1 次透水，让其发酵 1 ~ 2 个月后，才能定植。定植后第一次浇水要透，并需遮阴。待苗长高 70 厘米左右时，要设棚架，将其枝条牵引上架，并需进行摘心，促使萌发侧枝，以利于多开花。

（2）肥水

肥、水要恰当。炮仗花生产快，开花多，花期又长，因此肥、水要足。生长期间每月需施 1 次追肥。追肥宜用腐熟稀薄的豆饼水或复合化肥，促使其枝繁叶茂，开花满枝头。要保持土壤湿润，浇水次数应视土壤湿润状况而定，在炎热夏季除需浇水外，每天还要向枝叶喷水 2～3 次和周围地面洒水，以提高空气湿度。秋季进入花芽分化期，浇水宜减少一些，施肥应转想以磷肥为主。生长季节一般约 2 周左右施一次氮磷结合的稀薄液肥。孕蕾期追施一次以氮肥为主的液肥，以利开花和植株生长。浇水要见干见湿，切忌盆内积水。夏季气温高，浇水要充足，同时要向花盆附近地面上洒水，以提高空气湿度。秋季开始进入花芽分化期，此时浇水需适当少些，以便控制营养生长，促使花芽分化。

（3）养护

炮仗花系多年生常绿攀缘藤本植物，生有卷须，可以借助他物向上攀缘生长。家庭培养时，为了提高观赏效果，栽时可选用大而深的花盆，当幼苗长到一定高度时在盆内搭一花架，将其茎蔓引缚在花架上，并注意分布均匀，放在阳光充足的阳台上养护。也可将其栽在大盆内，在阳台上设花架，让其向上攀缘生长，待枝条在附属物体上长到一定高度时，需打顶，促使萌芽新枝，以利多开花。已经开过花的枝条，来年不在开花，而新生长的枝条要孕蕾，因此对一些老枝、弱枝等要及时剪除，以免消耗养分，影响第二年开花。

3. 主要价值

（1）药用价值

【性味】花：味甘；性平；叶；味苦；微涩；性平。

【功能主治】润肺止咳；清热利咽。主肺痨；新久咽喉肿痛。

【用法用量】内服：煎汤，10～15g；或研粉，每次 3g，温开水送服。

（2）观赏价值

多种植于庭院，栅架，花门和栅栏，作垂直绿化。可用大植，置于花棚、露天餐厅、庭院门首等处，作顶面及周围的绿化，景色殊佳；也宜地植作花墙，覆盖土坡，或用于高层建筑的阳台作垂直或铺地绿化，显示富丽堂皇，是华南地区重要的攀缘花木。矮化品种，可盘曲成图案形，作盆花栽培。

多植于庭园建筑物的四周，攀缘于凉棚上，初夏红橙色的花朵累累成串，状如鞭炮，故有"炮仗花"之称。

4. 炮仗花生长习性

喜向阳环境和肥沃、湿润、酸性的土壤。生长迅速，在华南地区，能保持枝叶常青，可露地越冬。由于卷须多生于上部枝蔓茎节处，故全株得以固着在他物上生长。

5. 园林用途

攀缘棚架、墙垣、山石等。

图2-4-16　炮仗花

（十五）薜荔

薜荔（学名：Ficus pumila Linn.）又名凉粉子，木莲等。攀缘或匍匐灌木，叶两型，不结果枝节上生不定根，叶卵状心形。产福建、江西、浙江、安徽、江苏、台湾等地。瘦果水洗可作凉粉，藤叶药用。

1. 形态特征

攀缘或匍匐灌木，叶两型，不结果枝节上生不定根，叶卵状心形，长约2.5厘米，薄革质，基部稍不对称，尖端渐尖，叶柄很短；结果枝上无不定根，革质，卵状椭圆形，长5～10厘米，宽2～3.5厘米，先端急尖至钝形，基部圆形至浅心形，全缘，上面无毛，背面被黄褐色柔毛，基生叶脉延长，网脉3～4对，在表面下陷，背面凸起，网脉甚明显，呈蜂窝状；叶柄长5～10毫米；托叶2，披针形，被黄褐色丝状毛。

榕果单生叶腋，瘿花果梨形，雌花果近球形，长4～8厘米，直径3～5厘米，顶部截平，略具短钝头或为脐状凸起，基部收窄成一短柄，基生苞片宿存，三角状卵形，密被长柔毛，榕果幼时被黄色短柔毛，成熟黄绿色或微红；总便粗短；雄花，生榕果内壁口部，多数，排为几行，有柄，花被片2～3，线形，雄蕊2枚，花丝短；瘿花具柄，花被片3～4，线形，花柱侧生，短；雌花生另一植株榕一果内壁，花柄长，花被片4～5。瘦果近球形，有黏液。花果期5～8月。

2. 栽培技术

（1）苗木的繁殖

果实成熟采摘后堆放数日，待花序托软熟后用刀切开取出瘦果。放入水中搓洗，并用纱布包扎成团用手挤捏滤去肉质糊状物后取出种子，种子阴干贮藏至翌年春播。早春整地作畦耙平后，覆盖1cm厚的黄土。用木板整平床面撒播，覆土以不见种子为宜，浇透水，用竹弓支撑扣上薄膜和遮阳网，有利于保温、保湿和避免强烈阳光直射。当温度在10～23℃时，10天左右可出苗。于4月中、下旬阴雨天按株、行距15×20cm移植于大田苗床，然后盖上遮阳网，按常规育苗管理，至9月中、下旬揭去遮阳网进行日光锻炼。11月下旬扣上薄膜罩防霜冻，翌年春季定植。

（1）扦插繁殖

1）扦插基质

常用1∶1的黄土和细河沙作扦插基质，有条件的可用培养土、珍珠岩和谷壳灰作扦插基质。

2）建棚

用钢架或竹木架结构建成大棚，遮阳网覆盖，透光度为50%，用砖砌扦插床，床底铺厚5cm的卵石和粗砂层然后铺厚20cm的扦插基质。

3）插穗选择

当年萌发的半木质化或1年生木质化的大叶枝条以及1年生木质化的小叶枝条都可选用。结果枝插条剪成长12～15cm，营养枝剪成长20cm，结果枝留叶2～3片。

4）扦插时期

春、夏、秋3季都可扦插，以4月下旬至7月中、下旬较适宜，此时日平均温度在25℃以上，利于生根。

5）扦插

插条斜插于土内，深度为插条长的三分之一，每平方米插40株，营养枝露出小枝平埋于土内或剪去五分之三以下的小枝后斜插。扦插前可用50mg/kg的ABT生根粉液浸插条基部2小时。一般20天可产生愈伤组织，40天长出新根。

6）湿度和光的调控

扦插后浇透水，用竹弓支撑盖上薄膜，四周用砖压紧，以利保湿、保温。床内相对湿度保持在85%左右，土壤湿度控制在10%，温度控制在25℃左右，当温度超过28℃时揭喷雾装置的苗床扦插育苗。

（2）整地

栽植地要求平整，排水方便，要深翻20～30cm，翻地时剔除杂草。有条件的用化学除草剂先除尽地里的杂草做畦，畦宽1.2～1.5m、高30cm，施足基肥，回填草皮土厚15cm。

（3）移栽

春季移栽，选阴天或晴天的早晚进行。栽植密度为30×30cm，栽前用磷肥黄泥浆蘸根或用100mg/kg的ABT6号生根粉液蘸根。栽时做到藤蔓朝向攀附物，根系舒展、压紧并浇透。

（4）田间管理

应在当日或次日为薜荔遮阳，直至9月下旬，可用竹弓支撑遮阳网或搭架盖竹帘、麦秸、芦苇或用茅草做成阴棚。松土除草，追施稀薄的尿素或复合肥液，于 5 月、6 月、8 月、9 月各追肥 1 次。进入雨季应及时排除田间积水干旱时及时灌水。大田栽培后，在当年内用旧砖堆砌成墙垛，墙垛的高度为 1.5 ~ 2m，或用木棒、竹竿搭好棚架以供薜荔攀附。为防薜荔幼小藤蔓攀附时滑落，用塑料带将藤蔓轻松地捆缚在树上或棚架柱上。还要防止牲畜践踏啃食为害。

3. 主要价值

（1）药用价值

【性味】酸，平。

①《纲目》：酸，平，无毒。

②《广东中药》Ⅱ：味淡，微凉。

③《福建中草药》：苦，平。

【功能主治】祛风，利湿，活血，解毒。治风湿痹痛，泻痢，淋病，跌打损伤，痈肿疮疖，抗炎。

①《本草拾遗》：主风血，暖腰脚，变白不衰。

②《日华子本草》：藤汁敷白癜疬疡及风恶疥癣。

③《本草图经》：叶治背痈，干末服之，下利即效。

④《国药的药理学》：藤汁为激性药，有壮阳固精之效。又为消炎药，治肿物，肠痔及恶疮痈疽，一切疥癣。

⑤《湖南药物志》：清热解毒，祛湿利尿。治丝虫病，跌打损伤，腰痛，热痢，水泻，热淋，肚胀气坠。

⑥《广东中药》：利水去湿，散毒，滑肠通便。治痔疮，天疱疮，酒湿患疮。

⑦《江西草药》：治血尿，砂淋，梦遗，早泄，咽喉肿痛等症。

⑧《上海常用中草药》：祛风湿，通经活络，清热消肿，利尿，止血。治风湿痛，手足关节不利。

【附方】

①治风湿痛，手脚关节不利：薜荔藤三至五钱，煎服。（《上海常用中草药》）

②治腰痛、关节痛：薜荔藤二两。酒水各半同煎，红糖调服，每日一剂。（《江西草药》）

③治疝气：薜荔藤一两，三叶木通根二两。水煎去渣，加鸡蛋一个煮服，每日一剂（《江西草药》）

④治血淋痛涩：木莲藤叶一握，甘草（炙）一分。日煎服之。（《纲目》）

⑤治尿血、小便不利、尿道刺痛：薜荔一两，甘草一钱，煎服。（《上海常用中草药》）

⑥治病后虚弱：薜荔藤三两，煮猪肉食。（《湖南药物志》）

⑦治先兆流产：薜荔鲜枝叶（不结果的幼枝）一两，荷叶蒂七个，苎麻根一钱。水煎去滓，加鸡蛋三个，同煮服。或单用薜荔枝叶亦可。（《江西草药》）

⑧治小儿瘦弱：薜荔藤二两，蒸鸡食。（《湖南药物志》）

⑨治婴儿湿疹：鲜薜荔叶二两，黄连三钱。加米汤适量擂烂，以汁搽患处；或同时服汁二、三匙，一日二次。（赣州《草医草药简便验方汇编》）

⑩治疮疖痈肿：薜荔一两，煎服；另用鲜叶捣烂敷患处。（《上海常用中草药》）

⑪治痈肿：鲜薜荔叶、鲜爵床各等量，酒水煎服；另用鲜叶捣烂敷患处。（《福建中草药》）

【化学成分】熊果醇、白桦醇、豆甾–5，24（28）–二烯~3β–醇、5α–豆甾–3，6–二酮、β–谷甾醇、白桦酸、胡萝卜苷、羽扇豆醇、豆甾醇、正醋醇。

（2）食用价值

制作凉粉。将种子粉碎与果皮和宿存花被的粉碎物一起制凉粉和提取果胶。食用时，将瘦果的宿存花被和粉碎或捣碎的瘦果种子放入纱布袋，在降开水巾澄泡揉搓。不需添加任何物质，就会自行凝球。晶莹别透，细嫩。优质的保健食品雄隐头果可在花期采花粉。

（3）园林价值

由于薜荔的不定根发达。攀缘及生存适应能，在园林绿化方面可用于垂直绿化、囊化山百、护垃、护堤，既可保持水土。观赏价值高。

4. 薜荔生长习性

无论山区、丘陵、平原，在土壤湿润肥沃的地区都有野生分布，多攀附在村庄前后、山脚、山窝以及沿河沙洲、公路两侧的古树、大树上和断墙残壁、古石桥、庭院围墙等。薜荔耐贫瘠，抗干旱，对土壤要求不严格，适应性强，幼株耐阴。

5. 园林用途

攀附墙壁、假山、绿篱。

图2-4-17 薜荔

（十六）多花蔷薇

多花蔷薇，又名：蔷薇、野蔷薇，为落叶攀缘性灌木。多花簇生组成圆锥状聚伞花序，单瓣或重瓣，有白、粉等色，每年开花一次，花期 5 ~ 6 月。常见栽培的主要变种有粉团蔷薇，花型较大，单瓣粉，红或玫瑰红色，多花簇生呈伞房状；荷花蔷薇，花重瓣，粉色至桃红色，多数簇生；七姊妹，花重瓣，深粉红色，常 7 ~ 10 朵簇生在一起，具芳香；白玉堂，花白色，重瓣，常 7 ~ 10 朵簇生。蔷薇初夏开花，花繁叶茂，芳香清幽，是庭院垂直绿化的好材料。

1. 形态特征

攀缘灌木；小枝圆柱形，通常无毛，有短、粗稍弯曲皮束。小叶 5 ~ 9，近花序的小叶有时 3，连叶柄长 5 ~ 10 厘米；小叶片倒卵形、长圆形或卵形，长 1.5 ~ 5 厘米，宽 8 ~ 28 毫米，先端急尖或圆钝，基部近圆形或楔形，边缘有尖锐单锯齿，稀混有重锯齿，上面无毛，下面有柔毛；小叶柄和叶轴有柔毛或无毛，有散生腺毛；托叶篦齿状，大部贴生于叶柄，边缘有或无腺毛。花多朵，排成圆锥状花序，花梗长 1.5 ~ 2.5 厘米，无毛或有腺毛，有时基部有篦齿状小苞片；花直径 1.5 ~ 2 厘米，萼片披针形，有时中部具 2 个线形裂片，外面无毛，内面有柔毛；花瓣白色，宽倒卵形，先端微凹，基部楔形；花柱结合成束，无毛，比雄蕊稍长。果近球形，直径 6 ~ 8 毫米，红褐色或紫褐色，有光泽，无毛，萼片脱落。

2. 主要价值

倒钩刺，七姊妹：花治疗暑热胸闷，口渴，吐血；根治疗风湿关节痛，跌打损伤，月经不调，白带，遗尿，外用于烧伤，外伤出血；叶外用治疗痈疖疮疡《滇省志》。

【藏药】色薇美多：花蕾或初开的鲜花用于龙病，赤巴病，肺病《中国藏药》

【侗药】尚婢顺 Sangp beix sedp：根、叶主治耿来，涸冷（腰痛、水肿）《侗医学》。

根、果实（营实）：苦、涩，凉。活血，通络，收敛。用于关节痛，面神经瘫痪，高血压症，偏瘫，烫伤。

花（蔷薇花）：苦、涩，寒。清暑热，化湿浊，顺气和胃。用于暑热胸闷，口渴，呕吐，不思饮食，口疮口糜。

3. 多花蔷薇习性

喜光，喜排水良好土壤。

4. 园林用途

攀缘棚架、老树干。

图2-4-18　多花蔷薇

（十七）杜鹃

杜鹃花（学名：Rhododendron simsii Planch.），又称山踯躅、山石榴、映山红，系杜鹃花科落叶灌木，落叶灌木。全世界的杜鹃花约有900种。中国是杜鹃花分布最多的国家，约有530余种，杜鹃花种类繁多，花色绚丽，花、叶兼美，地栽、盆栽皆宜，是中国十大传统名花之一。传说杜鹃花是由一种鸟吐血染成的。

重庆西南，酉阳、秀山等地，盛产杜鹃花，大多都叫映山红。

1. 形态特征

杜鹃花是落叶灌木，高2～7米；分枝一般多而纤细，但也有罕见粗壮的分枝，国家5A级风景区《百里杜鹃》保存着最原始古老的杜鹃林，这里的杜鹃历来以花朵大、花艳、树大而著称，随着人们对这片原始杜鹃林的重视在2010年相继发现几株粗壮的原生杜鹃树。此树为2010年调查发现，地径92厘米，树共有丫枝十枝，树高近7米，十个丫枝单个直径平均近20厘米堪称中国杜鹃花之王。叶革质，常集生枝端，卵形、椭圆状卵形或倒卵形或倒卵形至倒披针形，长1.5～5厘米，宽0.5～3厘米，先端短渐尖，基部楔形或宽楔形，边缘微反卷，具细齿，上面深绿色，疏被糙伏毛，下面淡白色，密被褐色糙伏毛，叶脉为羽状网脉，中脉在上面凹陷，下面凸出；叶柄长2～6毫米，密被亮棕褐色扁平糙伏毛。花芽卵球形，鳞片外面中部以上被糙伏毛，边缘具睫毛。花2～3(～6)朵簇生枝顶；花梗长8毫来，密被亮棕褐色糙伏毛；花萼5深裂，裂片三角状长卵形，长5毫米，被糙伏毛，边缘具睫毛；花冠阔漏斗形，玫瑰色、鲜红色或暗红色，长3.5～4厘米，宽1.5～2厘米，裂片5，倒卵形，长2.5～3厘米，上部裂片具深红色斑点；雄蕊10，长约与花冠相等，花丝线状，花药背着药着生，孔裂，中部以下被微柔毛；子房卵球形，10室，密被亮棕褐色糙伏毛，花柱伸出花冠外，无毛。蒴果卵球形，长达1厘米，密被糙伏毛；花萼宿存。花期4～5月，果期6～8月。

2. 栽培技术

（1）繁殖方法

常用播种、扦插和嫁接法繁殖，也可行压条和分株。

1）播种法

播种，常绿杜鹃类最好随采随播，落叶杜鹃亦可将种子贮藏至翌年春播。气温15～20℃时，约20天出苗。

2）扦插法

扦插，一般于5～6月间选当年生半木质化枝条作插穗，插后设棚遮阴，在温度25℃左右的条件下，1个月即可生根。西鹃生根较慢，约需60～70天。

3）嫁接法

嫁接，西鹃繁殖采用较多，常行嫩枝劈接，嫁接时间不受限制，砧木多用二年生毛鹃，成活率达90%以上。

（2）栽培方法

长江以北均以盆栽观赏。盆土用腐叶土、沙土、园土（7∶2∶1），掺入饼肥、厩肥等，拌匀后进行栽植。一般春季3月上盆或换土。长江以南地区以地栽为主，春季萌芽前栽植，地点宜选在通风、半阴的地方，土壤要求疏松、肥沃，含丰富的腐殖质，以酸性沙质壤土为宜，并且不宜积水，否则不利于杜鹃正常生长。栽后踏实，浇水。

1）光照与温度

4月中、下旬搬出温室，先置于背风向阳处，夏季进行遮阴，或放在树下疏荫处，避免强阳光直射。生长适宜温度15～25℃，最高温度32℃。秋末10月中旬开始搬入室内，冬季置于阳光充足处，室温保持5～10℃，最低温度不能低于5℃，否则停止生长。

2）浇水与施肥

栽植和换土后浇1次透水，使根系与土壤充分接触，以利根部成活生长。生长期注意浇水，从3月开始，逐渐加大浇水量，特别是夏季不能缺水，经常保持盆土湿润，但勿积水，9月以后减少浇水，冬季入室后则应盆土干透再浇。合理施肥是养好杜鹃的关键，喜肥又忌浓肥，在春秋生长旺季每10天施1次稀薄的饼肥液水，可用淘米水、果皮、菜叶等沤制发酵而成。在秋季还可增加一些磷、钾肥，可用鱼、鸡的内脏和洗肉水加淘米水和一些果皮沤制而成。除上述自制家用肥料外，还可购买一些家用肥料配合使用，但切记要"薄"肥适施。入冬前施1次干肥（少量），换盆时不要施盆底肥。另外，无论浇水或施肥时用水均不要直接使用自来水，应酸化处理（加硫酸亚铁或食醋），在pH值达到6左右时再使用。

3）整形修剪

蕾期应及时摘蕾，使养分集中供应，促花大色艳。修剪枝条一般在春、秋季进行，剪去交叉枝、过密枝、重叠枝、病弱枝，及时摘除残花。整形一般以自然树形略加人工修饰，随心所欲，因树造型。

4）花期控制

于1月或春节前20天将盆花移至20℃的温室内向阳处，其他管理正常，春节期间可观花。若想"五一"见花，可于早春萌动前将盆移至5℃以下室内冷藏，4月10日移至20℃温室向阳处，4月20日移出室外，"五一"可见花。因此，温度可调节花期，随心所愿，四时开放，另外，花后即剪的植株，10月下旬可开花；若生长旺季修剪，花期可延迟40天左右；若结合扦插时修剪，花期可延迟至翌年~2月。因此，不同时期的修剪，也影响花期的早晚。

5）施肥技巧

杜鹃花施肥要掌握季节，并做到适时、适量及浓度配置适当。杜鹃花的根系很细密，吸收水肥能力强，喜肥但怕浓肥。一般人粪尿不适用，适宜追施矾肥水。杜鹃花的施肥还要根据不同的生长时期来进行，3~5月，为促使枝叶及花蕾生长，每周施肥1次。6~8月是盛夏季节，杜鹃花生长渐趋缓慢而处于半休眠状态，过多的肥料不仅会使老叶脱落、新叶、发黄，而且容易遭到病虫的危害，故应停止施肥。9月下旬天气逐渐转凉，杜鹃花进入秋季生长，每隔10天施1次20%~30%的含磷液肥，可促使植株花芽生长。一般10月份以后，秋季生长基本停止，就不再施。

3．主要价值

（1）镇咳、平喘祛痰作用

大牻牛儿酮其镇咳作用相当可待因2mg，ip大牻牛儿酮有对抗组胺引起的豚鼠支气管痉挛的作用。杜鹃素为满山红治疗气管炎的主要有效成分，单项症状疗效中以祛痰有效率最高，止咳次之，平喘较差。家兔气管内注入小量墨汁，活体观察其运行速度以测定气管纤毛运送黏液速度，ip杜鹃素后可使运送速度明显加速，符合临床祛痰的结论。

（2）抗炎抑菌作用

本品所含愈创木奥、（Guaiazulene）有抗炎和兴奋子宫作用，可用作抗炎剂。杜鹃素对金黄色葡萄球菌有抑菌活性，MIC25ug/ml。丁香酸和香草酸亦有抗细菌和真菌的作用，茴香酸亦有防腐抗菌作用。

（3）降压、利尿作用

梫木毒素给麻醉猫iv有降压作用。扁蓄甙对麻醉犬虽有降压作用，但持续时间很短，且易产生快速耐受性。扁蓄甙iv0.5mg/kg，对麻醉犬有利尿作用，作用随剂量而增加。在大鼠试验中，无论po或ip34mg/kg即可产生显著的利尿作用，作用强度不如氨茶碱，但其毒性仅为氨茶碱1/4，故其治疗指数较大。

（4）镇痛作用

梫木毒素有一定的镇痛作用，最小镇痛指数为8.60。莨菪胺可大大加强其镇痛作用，而对毒性则无明显影响。阿托品能稍加强本品的镇痛作用。另外梫木毒素有弱的细胞毒活性，ED50 为 60ug/ml，体内毒性较大。

（5）对中枢抑制作用

丁香酸有镇静和局部麻醉作用，其作用有剂量依赖关系。

（6）对组织呼吸的影响

杜鹃素在体外能抑制大鼠气管 - 肺组织呼吸，使耗氧量降低约 26.4%，主要作用于吡啶核苷酸的酶体系。

4．杜鹃习性

杜鹃生于海拔 500 ～ 1200（～ 2500）米的山地疏灌丛或松林下，喜欢酸性土壤，在钙质土中生长得不好，甚至不生长。因此土壤学家常常把杜鹃作为酸性土壤的指示作物。

杜鹃性喜凉爽、湿润、通风的半阴环境，既怕酷热又怕严寒，生长适温为 12℃ ～ 25℃，夏季气温超过 35℃，则新梢、新叶生长缓慢，处于半休眠状态。夏季要防晒遮阴，冬季应注意保暖防寒。忌烈日暴晒，适宜在光照强度不大的散射光下生长，光照过强，嫩叶易被灼伤，新叶老叶焦边，严重时会导致植株死亡。冬季，露地栽培杜鹃要采取措施进行防寒，以保其安全越冬。观赏类的杜鹃中，西鹃抗寒力最弱，气温降至 0℃ 以下容易发生冻害。

5．园林用途

园林景区、街区绿岛和庭院栽培；植株低矮类型可盆栽或攀扎造型、制成盆景以装饰阳台和居室。

图2-4-19　杜鹃

（十八）黄刺玫

黄刺玫，拉丁学名：Rosa xanthina Lindl，落叶灌木。小枝褐色或褐红色，具刺。奇数羽状复叶，小叶常 7 ～ 13 枚，近圆形或椭圆形，边缘有锯齿；托叶小，下部与叶柄连生，先端分裂成披针形裂片，边缘有腺体，近全缘。花黄色，单瓣或兰重瓣，无苞片。花期 5 ～ 6月。果球形，红黄色。果期 7 ～ 8 月。辽宁省阜新市市花。晋南俗称"马茹子"。

1. 形态特征

直立灌木，高 2 ~ 3 米；枝粗壮，密集，披散；小枝无毛，有散生皮刺，无针刺。小叶 7 ~ 13，连叶柄长 3 ~ 5 厘米；小叶片宽卵形或近圆形，稀椭圆形，先端圆钝，基部宽楔形或近圆形，边缘有圆钝锯齿，上面无毛，幼嫩时下面有稀疏柔毛，逐渐脱落；叶轴、叶柄有稀疏柔毛和小皮刺；托叶带状披针形，大部贴生于叶柄，离生部分呈耳状，边缘有锯齿和腺。

花单生于叶腋，重瓣或半重瓣，黄色，无苞片；花梗长 1 ~ 1.5 厘米，无毛，无腺；花直径 3 ~ 4（~ 5）厘米；萼筒、萼片外面无毛，萼片披针形，全缘，先端渐尖，内面有稀疏柔毛，边缘较密；花瓣黄色，宽倒卵形，先端微凹，基部宽楔形；花柱离生，被长柔毛，稍伸出萼筒口外部，比雄蕊短很多。

果近球形或倒卵圆形，紫褐色或黑褐色：直径 8 ~ 10 毫米，无毛，花后萼片反折。花期 4 ~ 6 月，果期 7 ~ 8 月。

2. 栽培技术

黄刺玫喜光，稍耐阴，耐寒力强。对土壤要求不严，耐干旱和瘠薄，在盐碱土中也能生长。不耐水涝。为落叶灌木。栽植黄刺玫一般在 3 月下旬至 4 月初。需带土球栽植，栽植时，穴内施 1 ~ 2 铁锨腐熟的堆肥作基肥，栽后重剪，栽后浇透水，隔 3 天左右再浇 1 次，便可成活。成活后一般不需再施肥，但为了使其枝繁叶茂，可隔年在花后施 1 次追肥。日常管理中应视干旱情况及时浇水，以免因过分干旱缺水引起萎蔫，甚至死亡。雨季要注意排水防涝，霜冻前灌 1 次防冻水。花后要进行修剪，去掉残花及枯枝，以减少养分消耗。落叶后或萌芽前结合分株进行修剪，剪除老枝、枯枝及过密细弱枝，使其生长旺盛。对 1 ~ 2 年生枝应尽量少短剪，以免减少花数。黄刺玫栽培容易，管理粗放，病虫害少。

3. 主要价值

（1）观赏价值

可供观赏。果实可食、制果酱。花可提取芳香油；花、果药用，能理气活血、调经健脾。可做保持水土及园林绿化树种。

（2）精华液

黄刺玫瑰露是精华液利用高山之巅的野生玫瑰鲜花经过几道工序加工的纯天然饱和液。内含有一定饱和度的黄刺玫瑰油芳香物质、有机醇、活性肽及抗皱的酶类等几十种芳香的成分。颜色乳白色，具中国香精香料化妆品检验中心上海检验所对其油检测，具有清香脂香浓香兼有的特殊香型，内含有玫瑰醚香、醇香、酯香等芳香类化合物，和大量的环肽类物质，天然的半纤维分解成分，具大量临床实验和化验结果表明，具有美白、保湿、杀菌、祛淤、生新、活化细胞，降胆固醇、降色素的作用。它属于清香型，绵甜、甘露，保湿、美白效果好、防皱、抗皱能力好，保存时间长。该精华液是经过灭菌、过滤、浓缩的精华液。可广泛用于化妆、食品、饮料的调香。

4. 黄刺玫习性

喜光，稍耐阴，耐寒力强。对土壤要求不严，耐干旱和瘠薄，在盐碱土中也能生长，以疏松、肥沃土地为佳。不耐水涝。为落叶灌木。少病虫害。

5. 园林用途

庭院观赏，从植，花篱。

图2-4-20 黄刺玫

（十九）葱兰

葱莲（学名：Zephyranthes candida（Lindl.）Herb.），又名玉帘、葱兰等，多年生草本植物，鳞茎卵形，直径约2.5厘米，具有明显的颈部，颈长2.5～5厘米。叶狭线形，肥厚，亮绿色，长20～30厘米，宽2～4毫米。

原产南美洲，现在中国各地都有种植，喜阳光充足，耐半阴，常用作花坛的镶边材料，也宜绿地丛植，最宜作林下半阴处的地被植物，或于庭院小径旁栽植。

1. 形态特征

多年生草本。鳞茎卵形，直径约2.5厘米，具有明显的颈部，颈长2.5～5厘米。叶狭线形，肥厚，亮绿色，长20～30厘米，宽2～4毫米。

花茎中空；花单生于花茎顶端，下有带褐红色的佛焰苞状总苞，总苞片顶端2裂；花梗长约1厘米；花白色，外面常带淡红色；几无花被管，花被片6，长3～5厘米，顶端钝或具短尖头，宽约1厘米，近喉部常有很小的鳞片；雄蕊6，长约为花被的1/2；花柱细长，柱头不明显3裂。

蒴果近球形，直径约1.2厘米，3瓣开裂；种子黑色，扁平。

2. 栽培技术

（1）田间管理

1）温度

葱莲喜欢温暖气候，但夏季高温、闷热（35℃以上，空气相对湿度在80%以上）的环境不利于它的生长；对冬季温度要求很严，当环境温度在10℃以下停止生长，在霜冻出现时不能安全越冬。

2）水肥

葱莲性喜阳光充足，但也能耐半阴，要求温暖而温润的环境，适宜富含腐殖质和排水良好的沙质壤土。地栽时要施足基肥，生长期间应保持土壤湿润，每年追施2～3次稀薄饼肥水，即可生长良好，开花繁茂。盆栽时，盆土宜选疏松、肥沃、排水畅通的培养土，可用腐叶土或泥炭土、园土、河沙混匀配制。生长期间浇水要充足，宜经常保持盆土湿润，但不能积水。天气干旱还要经常向叶面上喷水，以增加空气湿度，否则叶尖易黄枯。生长旺盛季节，每隔半个月需追施1次稀薄液肥。

（2）病虫防治

危害葱莲的主要以虫害为主，如葱兰夜蛾，主要危害葱莲、朱顶红、石蒜等植物，是一种次要害虫。葱兰夜蛾严重时可以把葱莲的地上茎全部吃光。虽然葱莲茎叶被该虫取食后，地上部分仍能萌发生长，不造成葱莲的死亡，但是其生长势明显减弱。

防治方法。冬季或早春翻地，挖除越冬虫蛹，减少虫口基数；幼虫发生时，喷施米满1500倍、乐斯本1500倍或辛硫磷乳油800倍，选择在早晨或傍晚幼虫出来活动（取食）时喷雾，防治效果比较好。

3. 主要价值

（1）药用

其带鳞茎的全草是一种民间草药，有平肝、宁心、熄风镇静的作用，主治小儿惊风，羊痫风。

葱莲全草含石蒜碱、多花水仙碱、尼润碱等生物碱。花瓣中含云香甙。建议不要擅自食用葱莲，误食鳞茎会引起呕吐、腹泻、昏睡、无力，应在医生指导下使用。

（2）观赏

葱莲株从低矮、终年常绿、花朵繁多、花期长，繁茂的白色花朵高出叶端，在丛丛绿叶的烘托下，异常美丽，花期给人以清凉舒适的感觉。适用于林下、边缘或半阴处作园林地被植物，也可作花坛、花径的镶边材料，在草坪中成丛散植，可组成缀花草坪，也可盆栽供室内观赏。

4. 葱兰习性

葱兰喜肥沃土壤，喜阳光充足，耐半阴与低湿，宜肥沃、带有黏性而排水好的土壤。

较耐寒，在长江流域可保持常绿，0℃以下亦可存活较长时间。在0℃～10℃左右的条件下，短时不会受冻，但时间较长则可能冻死。葱兰极易自然分株球，分株繁殖容易，栽培需注意冬季适当防寒。

5. 园林用途

花坛镶边、疏林地被、花径。

图2-4-21　葱兰

（二十）狗牙根

狗牙根（学名：Cynodon dactylon（L.）Pers.）是禾本科、狗牙根属低矮草本植物，秆细而坚韧，下部匍匐地面蔓延甚长，节上常生不定根，高可达30厘米，秆壁厚，光滑无毛，有时略两侧压扁。

叶鞘微具脊，叶舌仅为一轮纤毛；叶片线形，通常两面无毛。穗状花序，小穗灰绿色或带紫色；小花；花药淡紫色；柱头紫红色。颖果长圆柱形，5～10月开花结果。

广布于中国黄河以南各省，全世界温暖地区均有。北京附近已有栽培，多生长于村庄附近、道旁河岸、荒地山坡。其根茎蔓延力很强，广铺地面，为良好的固堤保土植物，常用以铺建草坪或球场；唯生长于果园或耕地时，则为难除灭的有害杂草。模式标本采自南欧。根茎可喂猪、牛、马、兔、鸡等喜食其叶；全草可入药，有清血、解热、生肌之效。

1. 形态特征

低矮草本，具根茎。秆细而坚韧，下部匍匐地面蔓延甚长，节上常生不定根，直立部分高10～30厘米，直径1～1.5毫米，秆壁厚，光滑无毛，有时略两侧压扁。

叶鞘微具脊，无毛或有疏柔毛，鞘口常具柔毛；叶舌仅为一轮纤毛；叶片线形，长1～12厘米，宽1～3毫米，通常两面无毛。穗状花序（2～）3～5（～6）枚，长2～5（～6）厘米；小穗灰绿色或带紫色，长2～2.5毫米，仅含1小花；颖长1.5～2毫米，第二颖稍长，均具1脉，背部成脊而边缘膜质；外稃舟形，具3脉，背部明显成脊，脊上被柔毛；内稃与外稃近等长，具2脉。鳞被上缘近截平；花药淡紫色；子房无毛，柱头紫红色。

颖果长圆柱形。染色体 2n=36（Brown，1950），40（Hurcombe，1947），30，36，40（Tateoka）。花果期 5 ~ 10 月。

2. 栽培技术

（1）整地基础

种植前对坪床进行平整极为重要，坪床不平整会为以后草坪管理带来许多问题。整地前，要将坪床内的石块、碎砖瓦片等建筑废弃物及各种杂草和枯枝落叶全部清理干净。整地分为粗整和细整，整地耕翻深度以 20 ~ 25cm 为宜，平整坪床面，疏松耕作层，并用轻型镇压滚（150 ~ 200kg）镇压 1 次。为保证狗牙根生长发育良好，在整地前要施足基肥，以有机肥料如腐熟的鸡粪、人尿粪为主。

（2）灌溉施肥

灌溉是保证适时、适量地满足草坪草生长发育所需水分的主要手段之一，也是草坪养护管理的一项重要措施。由于狗牙根根系分布相对较浅，在夏季干旱时应及时灌溉。灌溉时，要一次性灌透，不可出现拦腰水，使根系向表层分布，降低其抗旱能力。灌水量和灌溉次数依具体情况而定。

通过施肥可以为草坪草提供所需的营养物质，施肥是影响草坪抗逆性和草坪质量的主要因素之一。狗牙根草坪施肥可在初夏和仲夏进行，肥料以 N、P、K 肥为主，其施肥量为 250 ~ 300kg/hm^2。施肥后应及时浇水灌溉，使肥料充分溶解渗入土壤，供狗牙根吸收利用，提高肥料利用率。

（3）养护管理

草坪养护管理是获得并维持高质量草坪的重要措施，若养护管理不当，则草坪质量降低，寿命缩短。草坪的养护管理措施主要包括草坪修剪、灌溉、施肥。

（4）修剪管理

修剪是草坪养护管理中最基本、最重要的一项作业。修剪可控制草坪草生长高度，保持草坪平整美观，增加草坪的密度。同时，修剪还可抑制因枝叶过密而引起的病害。修剪前，应将草坪中的石块、铁丝、树枝、塑料等杂物清除干净，以免损伤剪草机，影响修剪质量。修剪频率主要取决于狗牙根的生长速度，在不同时期，其修剪频率不同。修剪高度要遵循 1/3 原则。狗牙根作为优良的固土护坡植物一般每年修剪 2 ~ 3 次。

3. 主要价值

其根茎蔓延力很强，广铺地面，为良好的固堤保土植物，常用以铺建草坪或球场；唯生长于果园或耕地时，则为难除灭的有害杂草。全世界温暖地区均有。模式标本采自南欧。根茎可喂猪，牛、马、兔、鸡等喜食其叶；全草可入药，有清血、解热、生肌之效。

（1）食用价值

根茎可喂猪、牛、马、兔、鸡等喜食其叶。

牧草资源：狗牙根是我国黄河流域以南栽培应用较广泛的优良草种之一。长江中下游地区，多用它铺建草坪，或与其他暖地型草种进行混合铺设各类草坪运动场、足球场。同时又可应用于公路、铁路、水库等处作固土护坡绿化材料种植。由于狗牙根的草茎内蛋白质的含量较多，牛、马、羊等牲畜食口性好，因此又可作为放牧草地开发利用。狗芽根草质柔软、味淡、微甜，叶量丰富，适口性好，马、牛、羊、兔等均喜采食，幼嫩时为猪及家禽采食，是草食性鱼类的优质青饲料。营养丰富，产量高，生长 4 周龄的干草分别台粗蛋白质 17.59%，粗脂肪 1.9%，粗纤维 22.15%，无氮浸出物 43.65%，粗灰分 14.66%。主要用于放牧，也可调制干草和青贮料。生长较快，每年可刈割 3 ~ 4 次，一般每亩收干草 150 ~ 200kg，沃土每亩收干草 500 ~ 750kg。

与金花莱混播的坪地，冬春季狗牙根停止生长，则金花菜可供牲畜利用，补播白三叶等豆科牧草可获得很好的收益，如管理条件好每隔 4 ~ 5 周利用一次。

（2）绿化价值

其根茎蔓延力很强，广铺地面，为良好的固堤保土植物，常用以铺建草坪或球场；唯生长于果园或耕地时，则为难除灭的有害杂草。

草坪建植：狗牙根属禾本科狗牙根属多年生草本植物，为暖季型草。具有根状茎及葡匐枝，葡匐枝的扩展能力极强。叶色浓绿，性喜光稍耐荫、耐旱，喜温暖湿润，具有一定的耐寒能力。适宜的土壤酸碱性范围很广（pH 值为 5.5 ~ 7.5），其中，以湿润且排水条件良好的中等到较黏性的土壤上生长最好，在轻沙盐碱地中生长也较好。最适宜生长温度为 20 ~ 35℃，当温度达到 24℃时长势最好，当温度低于 16℃时停止生长，当土壤温度低于 10℃开始褪色并逐渐休眠，华东地区的绿色期一般为 250 天左右。华东地区狗牙根的播种时间为每年 3 ~ 9 月份较为适宜。如春季播种太早会因温度太低，导致发芽较慢，影响草坪成坪速度；秋季播种太晚会因温度太低，导致草坪生长慢，幼苗不能安全越冬。人工播种量为 10 ~ 12g/m²；喷播植草播种量为 15g/m² 左右，也可以与其他暖季型或冷季型草种混播。

由于狗牙根草坪的耐践踏性、侵占性、再生性及抗恶劣环境能力极强，耐粗放管理，且根系发达，常应用于机场景观绿化，堤岸、水库水土保持，高速公路、铁路两侧等处的固土护坡绿化工程，是极好的水土保持植物品种。选择种子的优质草种，狗牙根已被应用于江苏泰州引江河护坡、浙江金华—温州高速公路护坡、西安—南京铁路护坡等国家重点工程。

改良后的草坪型狗牙根可形成苗壮的、高密度的草坪，侵占性强，叶片质地细腻，草坪的颜色从浅绿色到深绿色，具有强大根茎，葡匐生长，可以形成致密的草皮，根系分布广而深，可用于高尔夫球道、发球台及公园绿地、别墅区草坪的建植。

（3）药用价值

全草可入药，有清血、解热、生肌之效。

【药用部位】根状茎

【性味】苦微甘，平。

【药用功能】解热利尿、舒筋活血，止血，生肌。

【药用主治】治风湿痿痹拘挛，半身不遂，劳伤吐血，跌打，刀伤，臁疮。

（4）园林用途

草坪及地被，观叶类，被广泛用于高尔夫球场果岭、发球台、球道、运动场、园林绿化和固土护坡。

4.狗牙根生长习性

多生长于村庄附近、道旁河岸、荒地山坡。

狗牙根是适于世界各温暖潮湿和温暖半干旱地区长寿命的多年生草，极耐热和抗旱，但不抗寒也不耐荫。

狗牙根随着秋季寒冷温度的到来而褪色，并在整个冬季进入休眠状态。叶和茎内色素的损失使狗牙根呈浅褐色。当土壤温度低于10℃时，狗牙根便开始褪色，并且直到春天高于这个温度时才逐渐恢复。引种到过渡气候带的较冷地区的狗牙根，易受寒冷的威胁，4～5年就会死于低温。狗牙根适应的土壤范围很广，但最适于生长在排水较好、肥沃、较细的土壤上。狗牙根要求土壤pH值为5.5～7.5。它较耐淹，水淹下生长变慢。耐盐性也较好。

5.园林用途

被广泛用于高尔夫球场果岭、发球台、球道、运动场、园林绿化和固土护坡。

图2-4-22　狗牙根

（二十一）结缕草

结缕草（学名：Zoysia japonica Steud），为禾本科、结缕草属多年生草本。具横走根茎，须根细弱。秆直立，基部常有宿存枯萎的叶鞘。叶鞘无毛；叶舌纤毛状；叶片扁平或稍内卷，表面疏生柔毛，背面近无毛。总状花序呈穗状；小穗柄通常弯曲，长可达5毫米；小穗卵形，淡黄绿色或带紫褐色，颖果卵形。花果期5～8月。

结缕草分布在朝鲜、日本以及中国等地，生长于海拔200～500米的地区，多生在山坡、平原和海滨草地。主要用于运动场地草坪。

1．形态特征

多年生草坪植物。具直立茎，秆茎淡黄色。叶片革质，长 3 ~ 4cm，扁平，具一定韧性，表面有疏毛。花期 5 ~ 6 月，总状花序。果呈绿色或略带淡紫色。须根较深，一般可深入土层 30 厘米以上，因此它的抗干旱能力特别强，能够在斜坡上顽强地生长。它具坚韧的地下根状茎及地上爬地生长的匍匐枝，并能节节生根繁殖新的植株。该草种花期 5 ~ 6 月。结实率较高，种子每公斤约有 304.2 万粒，成熟后易脱落，种子表面附有蜡质保护物，不易发芽，通常播前须进行种子处理提高其发芽率。

结缕草适应性较强，喜温暖气候，喜阳光，耐高温，抗干旱，不耐荫。利用它的枝优势，容易形成单一成片的群落及纯草层。耐瘠薄，耐踩踏，并具有一定的韧度和弹性。除了春、秋季生长茂盛外，炎热的夏季亦能保持优美的绿色草层，冬季休眠越冬。

2．栽培技术

结缕草一般在 4 ~ 5 月或 8 ~ 9 月种植。种植前 1 个月施肥，整地，浇水，土壤表层喷洒除草剂（五氯酚钠）。一个月后再次浇水，待土壤表层半干半湿时耙平播种。一般每亩播 5 ~ 6 公斤为宜，播完后，用耙轻轻拉一趟，在地表面撒一层堆肥或覆盖一层木屑土，有条件的可盖一层薄稻草，能防止日光直射，提高发芽率，播后要喷水保持一定湿度。10 天左右萌发后去掉稻草覆盖物。

苗高在 6 ~ 8 厘米时将幼草的直立茎剪断，促进萌发分蘖，加速草坪的蔓延速度。定期轧剪是苗期管理的一项重要工作，在 4 ~ 10 月每月两次用机械滚轧，使一、二年生的杂草失去嫩头或花茎，丧失结籽传播后代的能力，加速草皮的蔓延。

3．主要价值

（1）生态

由于结缕草具有强大的地下茎，节间短而密，每节生有大量须根，分布深度多在 20 ~ 30 厘米的土层内，叶片较宽厚、光滑、密集、坚韧而富有弹性，抗践踏，耐修剪，还是极好的运动场和草坪用草。因为结缕草地下茎盘根错节，十分发达，形成不易破裂的成草土，叶片密集、覆被性好，具有很强的护坡、护堤效益，所以又是一种良好的水土保持植物。

（2）饲用

结缕草鲜茎叶气味纯正，马、牛、驴、骡、山羊、绵羊、奶山羊、兔皆喜食，鹅、鱼亦食。根据不同生育期地上茎叶营养成分的分析看出，粗蛋白质含量在旺盛生长的抽穗期最高，可达 13.5%，盛花期下降为 9.4%，果后营养期又回升为 12.3%。粗灰分与钙的含量在秋末最高。中华结缕草天然草场，可产鲜草 7500 ~ 12000 公斤/公顷。茎叶比 1：1.5 ~ 1：2.0。放牧期 6 ~ 7 个月。耐牧性强，再生力也较好，农区农林隙地草场可连续放牧。

（3）草坪

结缕草具有抗踩踏、弹性良好、再生力强、病虫害少、养护管理容易、寿命长等优点，普遍应用于中国各地的运动场地草坪。

4. 结缕草生长习性

阳性，耐阴，耐热，耐寒，耐旱，耐践踏。适应性和生长势强。喜温暖湿润气候，尤其在四季气温变化不显著，昼夜温差小的地区生长最好。耐寒性强，低温保绿性比大多数暖季型草坪亦强。适应范围广，具有一定的抗碱性。多年生草坪植物。具直立茎，须根较深，一般可深入土层30厘米以上，因此它的抗干旱能力特别强，能够在斜坡上顽强地生长。它具坚韧的地下根状茎及地上爬地生长的匍匐枝，并能节节生根繁殖新的植株。最适于生长在排水好、较细、肥沃、pH值为6～7的土壤上。

5. 园林用途

广泛用于庭院草坪、城市绿化、公共绿地、运动球场等草坪建植，作为水土保持植物广泛应用于公路、铁路护坡和河岸堤坝等。

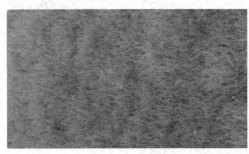

图2-4-23　结缕草

（二十二）百喜草

百喜草（学名：Paspalum notatum Flugge）是禾本科，雀稗属多年生草本植物。木质、多节根状茎。丛生，高可达80厘米。叶鞘基背部压扁成脊，无毛；叶舌膜质，极短，叶片扁平或对折，平滑无毛。总状花序对生，腋间长柔毛，小穗卵形，平滑无毛，花药紫色，柱头黑褐色。9月开花结果。

原产美洲，中国甘肃及河北引种栽培的一种优良牧草。适宜于热带和亚热带，年降水量高于750毫米的地区生长。广东、广西、海南、福建、四川、贵州、云南、湖南、湖北、安徽等南方大部分地区都适宜种植。对土壤要求不严，在肥力较低、较干旱的沙质土壤上生长能力仍很强。

百喜草又称巴哈雀稗是一种暖季型的多年生禾草，一般作为公路、堤坝、机场跑道绿化草种或牧草。

1. 形态特征

多年生。具粗壮、木质、多节的根状茎。秆密丛生，高约80厘米。叶鞘基部扩大，长10～20厘米，长于其节间，背部压扁成脊，无毛；叶舌膜质，极短，紧贴其叶片基部有一圈短柔毛；叶片长20～30厘米，宽3～8毫米，扁平或对折，平滑无毛。总状花序2枚对生，腋间具长柔毛，长7～16厘米，斜展；穗轴宽1～1.8毫米，微粗糙；小穗柄长约1毫米。小穗卵形，长3～3.5毫米，平滑无毛，具光泽；第二颖稍长于第一外稃，具3脉，中脉不明显，顶端尖；第一外稃具3脉，第二外稃绿白色，长约2.8毫米，顶端尖；花药紫色，长约2毫米；柱头黑褐色。染色体2n=40（Burton，1940），30（Gould，1966），20（Saura，1948）。花果期9个月。

2. 栽培技术

土壤准备：百喜草可以在多种土壤上生长，但最喜欢偏酸性的沙性土壤。种植前要整地，使种床坚固而平整。播前最好施足量的磷肥和钾肥，特别是磷肥对百喜草的生长非常关键。播前通过整地将肥料或土壤改良剂埋入地表下10厘米左右，效果最好。氮肥最好不要作为底肥在播种前施用，因为氮肥易促进杂草的生长。

百喜草最好在春季或初夏种植，如果没有充足的降雨量或良好的灌溉条件，不要在夏季最热的时间播种，否则出苗效果非常不好。如果用作草坪，百喜草的播种量为15g/m²，播种深度1厘米。如果作水土保持或牧草，播量可适当降低一些。播后的3～5周内，每日要多次少量地进行灌溉，苗出齐后要减少灌溉次数，但灌水量要增加，以促进百喜草根系的发育。建植成功的百喜草草坪抗旱能力非常强，不需经常灌溉。由于百喜草种子发芽和建植速度很慢，可以和10%左右的多年生黑麦草或一年生黑麦草过渡星混播，以提高成坪速度，降低杂草的危害。品种：朋沙克拉（Pensacola）与普通品种相比，直立生长性更强，叶片中细。有粗壮的根茎，侵占性很强，适合水土保持及普通绿地建设。在贫瘠的沙性土壤上生长良好，而且与地毯草、狗牙根等其他禾草的混播效果非常好好。

栽培技术要点选择合适的品种，如小叶种较耐寒，实生苗繁殖力强，生长迅速，种子发芽率50%。而大叶种较不耐寒，不适宜冬季繁殖，但产草量高，种子发芽率很低，一般为20%，一般用扦插繁殖。百喜草主要采用分株繁殖，以匍匐茎扦插。由于其节上生根，极易成活，成活率可达100%。匍匐茎每1～2个节可做一个插穗，年繁殖系数高达50。播种育苗则要求较严，种子必须做松颖处理，发芽率不高。播种最为112.5公斤/公顷。百喜草栽植以3～6月为好，秋季栽植也能成活。一般每公顷栽植9～12万株。栽植前深翻20厘米，每公顷施375公斤钙、镁、磷及家畜肥3000至4200公斤作为基肥，伏旱栽植后要适当浇水1至2次，栽植初期应及时除杂草，2至3个月后即可完全覆盖地表。根据生长情况割青后及时追施氮肥225～300公斤/公顷，促进百喜草的分蘖和生长，以提高鲜草产量。

3．主要价值

利用价值百喜草茎叶柔嫩，营养丰富，氨基酸种类完全，谷氨酸含量高，适口性好，是牛、羊、猪兔、鹅、鱼等的优质饲草，如喂猪能节省 10% 的精饲料。每公顷年产鲜草 4 ~ 7.5 万公斤。改土增肥效果好，据调查种植三五年后，土壤有机质可增加 2%。百喜草速生快，覆盖性能好，固土保水显著，是水保优良草种。此外，百喜草绿期长，叶量多，草层厚，特别耐践踏，可作为绿化美化种植材料。

主要用在公路护坡、护堤、飞机场跑道中间的空地绿化及矿区植被恢复等养护条件较差的地方，同时百喜草亦是一种优良的牧草，适合放牧肉牛、肉羊等家畜。以百喜草为主建植的水土保护植被，可以结合轻度放牧，创造一定的经济效益。

种植株高大，叶片粗糙，根系发达，多用于斜坡水土保持、道路护坡及果园覆盖。若用于运动场、绿地，必须勤修剪，或与其他草种混合种植。

4．百喜草生长习性

生性粗放，对土壤选择性不严，分蘖旺盛，地下茎粗壮，根系发达。种子表面有蜡质，播种前宜先浸水一夜再播种，以提高发芽率。密度疏，耐旱性、耐暑性极强，耐寒性尚可，耐阴性强，耐踏性强。

百喜草适宜于热带和亚热带，年降水量高于 750 毫米的地区生长，广东、广西、海南、福建、四川、贵州、云南、湖南、湖北、安徽等南方大部分地区都适宜种植。对土壤要求不严，在肥力较低、较干旱的沙质土壤上生长能力仍很强。基生叶多而耐践踏，匍匐茎发达，覆盖率高，所需养护管理水平低，是南方优良的道路护坡、水土保持和绿化植物。

生物学习性：百喜草主要分布在南部沿海地区，质地粗糙，色泽淡绿，非常耐瘠薄。抗热、抗旱和抗病虫害能力强，稍耐荫，耐酸性土壤。百喜草具有发达的根系，所以适宜作为水土保持植物。它主要通过分蘖和短的地下根茎向外缓慢扩展，侵占性中等，形成的草丛较为开阔。百喜草特别适合在沙性土壤，特别是 pH 值较低的酸性土壤上生长。由于百喜草的植株较为高大，而且生长速度快，所以若用它建植景观要求比较高的草坪时，需经常刈割，保持 4.5 ~ 7.0 厘米的高度，因此百喜草主要用于建植低养护草坪。在贫瘠的土壤上生长良好，而且有一定的耐荫性，可以种植在公园、庭院及公路旁的树下，或种植在高羊茅等需要较高养护条件的草种不能生存的地方。

百喜草的耐旱性良好，但定期灌溉或在降雨比较均匀的情况下生长最好。在冬季无霜冻的地区，百喜草可以保持终年常绿，在冬季气温比较低的地区，百喜草有一定的枯黄期，可以用一年生或多年生黑麦草盖播，以保持草坪的绿色。

5．园林用途

多用于一般性的地面覆盖和保土草坪的建植。

图2-4-24　百喜草

（二十三）弯叶画眉草

弯叶画眉草，（学名：Eragrostis curvula）禾本科、画眉草属多年生。秆密丛生，直立，基部稍压扁；叶鞘基部相互跨覆，长于节间数倍，而上部叶鞘又比节间短，下部叶鞘粗糙并疏生刺毛，鞘口具长柔毛；叶片细长丝状，向外弯曲，圆锥花序开展，花序主轴及分枝单生、对生或轮生，平展或斜上升，二次分枝和小，穗柄贴生紧密，小穗柄极短，分枝腋间有毛，排列较疏松，铅绿色；颖披针形，先端渐尖，广长圆形，先端尖或钝，内稃与外稃近等长，无毛，花果期4～9月。

1. 形态特征

多年生。秆密丛生，直立，高90～120厘米，基部稍压扁，一般具有5～6节，叶鞘基部相互跨覆，长于节间数倍，而上部叶鞘又比节间短，下部叶鞘粗糙并疏生刺毛，鞘口具长柔毛；叶片细长丝状，向外弯曲，长10～40厘米，宽1～2.5毫米。圆锥花序开展，长15～35厘米，宽6～9厘米，花序主轴及分枝单生、对生或轮生，平展或斜上升，二次分枝和小，穗柄贴生紧密，小穗柄极短，分枝腋间有毛，小穗长6～11毫米，宽1.5～2毫米，有5～12小花，排列较疏松，铅绿色；颖披针形，先端渐尖，均具1脉，第一颖长约1.5毫米，第二颖长约2.5毫米；第一外稃长约2.5毫米，广长圆形，先端尖或钝，具3脉；内稃与外稃近等长，长约2.3毫米，具2脊，无毛，先端圆钝，宿存或缓落；雄蕊3枚，花药长约1.2毫米。染色体数目变异较大，通常2n=20～80，亦间有2n=42或63。花果期4～9月。

2. 栽培技术

弯叶画眉草属中旱生植物，根系非常发达，须根粗壮，长30～60厘米，入土深度可达50～80厘米以上，根幅为60～90厘米左右。具有较强的抗寒和抗寒性，在年降水量为300～1700毫米的地区均可种植，最适于在干燥冷凉、年平均温度5.9～26.2度地区生长，特别是砂质坡地、林缘、农田边缘、公路坡面以及植被受到破坏的地段。生长能力极强，是一种很好的水土保持植物，尤其是在生境条件较为干旱的砂质土壤上也能够良好地生长发育，繁殖新个体，并形成致密的草地。它既可以无性繁殖，也可以通过种子繁殖，每年散落在周围的种子，翌年在适宜的条件下，即可萌发产生新枝，而且生长速度很快。兼具广泛的生态可塑性，能够适应多种复杂的环境条件。对土壤的要求不严，在土壤 pH 为 5.0 ~ 8.2 的范围内均可正常生长。耐瘠薄土壤，在半干旱甚至沙漠地区也能够生长，但要求排水条件良好，最适宜于肥沃的沙壤土上种植。抗病虫害能力强，已被广泛应用于公路护坡、河岸护堤和水土保持等目的。

广泛分布于全世界的温带地区，最常见于朝鲜、日本、印度、美国、加拿大和澳大利亚。选择春茵的优质草种，在我国华北、华南和西南各省区均可种植，主要包括四川、贵州、云南、湖南、湖北、广西、福建、江西、广东、安徽等省区，常与狗牙根和百喜草等混播。

3. 建植管理

可春播或秋播，秋播时土壤温度较高，因而出苗速度快，生长整齐，并可有效地减少与杂草的竞争。弯叶画眉草能够很好地与侵占性较强的狗牙根和百喜草混播用于护坡绿化工程。其中，弯叶画眉草播种量约占 5 ~ 8 克 / 平方米。播种后及出苗期均需注意及时灌水，以保持表层土壤的湿润。由于苗期的生长速度较为缓慢，苗期应注意防除杂草。

4. 主要价值

常栽培作牧草或布置庭园。

5. 习性

适宜热带、亚热带种植，耐热性强，抗旱性好，繁殖能力强，对土壤要求不严，耐贫瘠。

6. 园林用途

适合护坡的理想型草种。

图2-4-25　弯叶画眉草

（二十四）白三叶

白车轴草（拉丁学名：Trifolium repens L）又名白三叶、白花三叶草、白三草、车轴草、荷兰翘摇等，多年生草本。短期多年生草本，为栽培植物，有时逸生为杂草，侵入旱作物田，危害不重，对局部地区的蔬菜、幼林有危害。生长期达 6 年，高 10 ~ 30 厘米。

主根短，侧根和须根发达，茎匍匐蔓生，上部稍上升，节上生根，全株无毛。掌状三出复叶；托叶卵状披针形，膜质，基部抱茎成鞘状，离生部分锐尖。

其适应性广，抗热抗寒性强，可在酸性土壤中旺盛生长，也可在砂质土中生长，有一定的观赏价值，是世界各国主要栽培牧草之一，在中国主要用于草地建设，具有良好的生态和经济价值。

1. 形态特征

短期多年生草本，生长期达 5 年，高 10 ~ 30cm。

（1）根：主根短，侧根和须根发达。

（2）茎：茎匍匐蔓生，上部稍上升，节上生根，全株无毛。

（3）叶：掌状三出复叶；托叶卵状披针形，膜质，基部抱茎成鞘状，离生部分锐尖；叶柄较长，长 10 ~ 30cm；小叶倒卵形至近圆形，长 8 ~ 20（~ 30）mm，宽 8 ~ 16（~ 25）mm，先端凹头至钝圆，基部楔形渐窄至小叶柄，中脉在下面隆起，侧脉约 13 对，与中脉作 50°角展开，两面均隆起，近叶边分叉并伸达锯齿齿尖；小叶柄长 1.5mm，微被柔毛。

（4）花：花序球形，顶生，直径 15 ~ 40mm；总花梗甚长，比叶柄长近 1 倍，具花 20 ~ 50（~ 80）朵，密集；无总苞，苞片披针形，膜质，锥尖；花长 7 ~ 12mm；花梗比花萼稍长或等长，开花立即下垂；萼钟形，具脉纹 10 条，萼齿 5，披针形，稍不等长，短于萼筒，萼喉开张，无毛；花冠白色、乳黄色或淡红色，具香气。旗瓣椭圆形，比翼瓣和龙骨瓣长近 1 倍，龙骨瓣比翼瓣稍短；子房线状长圆形，花柱比子房略长，胚珠 3 ~ 4 粒。

（5）果、种：荚果长圆形；种子通常 3 粒，种子阔卵形。

2. 栽培技术

（1）除草：白车轴草出齐后实现了全地覆盖，机械除草难以应用，多用人工拔除方法。当年进行 2 ~ 3 次人工除草，可去除杂草，保证生长。一般当年覆盖、除完草后，以后各年杂草只零星发生，基本上免除杂草危害。

（2）水分管理：白车轴草抗旱性较强，耐涝性稍差。水分充足时生长势较旺，干旱时适当补水，雨水过多时及时排涝降渍，以利于生长。成坪后除了出现极端干旱的情况，一般不浇水，以免发生腐霉枯萎病。白车轴草的浇水宜本着少次多量的原则。

3. 主要价值

白车轴草富含多种营养物质和矿物质元素，具有很高的饲用、绿化、遗传育种和药用价值，可作为绿肥、堤岸防护草种、草坪装饰，以及蜜源和药材等用。

（1）经济价值

饲用。白车轴草适口性优良，消化率高，为各种畜禽所喜食，适宜养殖牛、羊、食草鱼等，营养成分及消化率均高于紫花苜蓿、红三叶草。在天然草地上，草群的饲用价值也随白车轴草比重的增加而提高，干草产量及种子产量则随地区不同而异它具有萌发早、衰退晚、供草季节长的特点，在南方供草季节为 4 ~ 11 月。白车轴草茎匍匐，叶柄长，草层低矮，故在放牧时多采食叶和嫩茎。

同时，随草龄的增长，其消化率的下降速度也比其他牧草慢。白车轴草具有耐践踏、扩展快及形成群落后与杂草竞争能力较强等特点，故多作放牧用。但要适度放牧，以利白车轴草再生长。饲喂时，应搭配禾本科牧草饲喂，可达到碳氮平衡，并可防止单食白车轴草发生鼓胀病另外，可晒制草粉作为配合饲料的原料。

（2）生态观赏

白车轴草的侵占性和竞争能力较强，能够有效地抑制杂草生长，不用长期修剪，管理粗放且使用年限长，具有改善土壤及水土保湿作用，可用于园林、公园、高尔夫球场等绿化草坪的建植。

1）建植草坪

白车轴草的叶色花色美观、绿色期较长，种植和养护成本低，从播种到成坪只需30 ~ 40d，种植一次，可连续利用6 ~ 7年甚至10年，落土的种子具有较强的自播繁殖能力，是优良的绿化观赏草坪种，既可成片种植，也可与乔木、灌木混搭成层次分明的复合景观。与其他暖季型草坪混合栽培，可起到延长绿色期的效果。白车轴草的根系发达，侧根密集，能固着土壤，茂密的叶片能阻挡雨水对土壤的冲刷和风蚀，因而蓄水保土作用明显，适宜在坡地、堤坝湖岸种植护岸，防止水土流失，同时容易营造出绚丽自然的生态景观。不易发生病虫害，杂草少，成坪后基本不需再人工除杂，有效减少除草用工和化学除草剂的使用量。

2）改土肥田

白车轴草的主根和侧根上着生有大量根瘤，能固定空气中的氮素，种植过程中不需施用氮肥，只需施些磷钾肥，以使枝叶繁茂。在微盐碱性土壤中，宜用白车轴草根瘤菌拌种后播种，能促进其根部的生长发育。在果园行间套作其根系主要分布在地表15cm的土层中，不会与深层根系的果树争肥水。白车轴草耐半阴，生长迅速的特点使其覆盖果园地面，建立单一的种群优势，防止其他杂草的滋生，尤其能抑制蓼、藜、苋、豚草等恶性阔叶杂草，减少地表水分蒸发。草根的分泌物及残根可向土壤输入有机质，可缓解果树的缺素症，促进土壤微生物的活动，起到改良土壤，提高土壤肥力和肥料利用率的效果。白车轴草的花是很好的蜜源，吸引蜂、蝶等昆虫帮助传粉提高坐果率，形成果园中果、草、肥、水良性循环的生态系统。

（3）药用价值

白车轴草全草可入药，味微甘，性平，具有清热凉血、安神镇痛、祛痰止咳的功效。国外临床试验报道，白车轴草花的酊剂可用于治疗感冒，全草酊剂具收敛止血作用，用作外伤的止血和促进创伤愈合的药物；还发现其所含的异黄酮类物质具有抗癌作用。从白车轴草中提取的大分子物质多糖，具有提高免疫力，抗肿瘤，抗衰老，降血脂等一系列药用和保健功能。

4．生长习性

（1）土壤：对土壤要求不高，尤其喜欢黏土耐酸性土壤，也可在砂质土中生长，pH值5.5～7，甚至4.5也能生长，喜弱酸性土壤不耐盐碱，pH值6～6.5时，对根瘤形成有利。

（2）光照：白车轴草为长日照植物，不耐荫蔽，日照超过13.5h花数可以增多。白车轴草喜阳光充足的旷地，具有明显的向光性运动，即叶片能随天气和每天时间的变化以及光源入射的角度、位置而运动。

（3）抗旱性：具有一定的耐旱性，35℃左右的高温不会萎蔫，其生长的最适温度为16～24℃，喜光，在阳光充足的地方，生长繁茂，竞争能力强。

（4）耐寒性：白车轴草喜温暖湿润气候，不耐干旱和长期积水，最适于生长在年降水量800～1200mm的地区种子在1℃～5℃时开始萌发，最适温度为19℃～24℃在积雪厚度达20cm、积雪时间长达1个月、气温在～15℃的条件下能安全越冬。在平均温度≥35℃、短暂极端高温达39℃时也能安全越夏。

5．园林用途

饲用作物，有保土和绿化作用。

图2-4-26　白三叶

（二十五）野菊

野菊花（学名: Dendranthema indicum），为双子叶植物纲、菊科、菊属多年生草本植物，菊科菊属植物。野菊花头状花序的外形与菊花相似，野生于山坡草地、田边、路旁等野生地带。

野菊花性微寒，具疏散风热、消肿解毒，有极高的药用价值。

1. 形态特征

多年生草本，高 0.25 ~ 1 米，有地下长或短匍匐茎。茎直立或铺散，分枝或仅在茎顶有伞房状花序分枝。茎枝被稀疏的毛，上部及花序枝上的毛稍多或较多。

基生叶和下部叶花期脱落。中部茎叶卵形、长卵形或椭圆状卵形，长 3 ~ 7（10）厘米，宽 2 ~ 4（7）厘米，羽状半裂、浅裂或分裂不明显而边缘有浅锯齿。基部截形或稍心形或宽楔形，叶柄长 1 ~ 2 厘米，柄基无耳或有分裂的叶耳。两面同色或几同色，淡绿色，或干后两面成橄榄色，有稀疏的短柔毛，或下面的毛稍多。

头状花序直径 1.5 ~ 2.5 厘米，多数在茎枝顶端排成疏松的伞房圆锥花序或少数在茎顶排成伞房花序。总苞片约 5 层，外层卵形或卵状三角形，长 2.5 ~ 3 毫米，中层卵形，内层长椭圆形，长 11 毫米。全部苞片边缘白色或褐色宽膜质，顶端钝或圆。舌状花黄色，舌片长 10 ~ 13 毫米，顶端全缘或 2 ~ 3 齿。瘦果长 1.5 ~ 1.8 毫米。花期 6 ~ 11 月。

野菊是一个多型性的种，有许多生态的、地理的或生态地理的居群，表现出体态、叶形、叶序、伞房花序式样以及茎叶毛被性等诸特征上的极大的多样性。山东、河北滨海盐渍土上的野菊，全形矮小，侏儒状，叶肥厚，注定是一种滨海生态型；江西庐山地区的野菊，显示出叶下面有较多的毛被物；江苏南京地区及浙江的野菊中，有一类叶在干后成橄榄色的。

2. 栽培技术

（1）选地施肥：以选用肥沃的沙壤土为好。播种前或移栽前，施足基肥，精细整地。

（2）繁殖方法：菊花脑以扦插繁殖为好，其方法是：在 5 ~ 6 月份，选取长约 5 ~ 6cm 的嫩梢，摘去茎部 2 ~ 3 叶，把嫩梢扦插于苗床，深度为嫩梢长度的 1/2。插后保持土壤湿润，喷施新高脂膜，减少水分蒸发，防病菌侵染，并用遮阳网遮阴，半个月左右成活。

（3）田间管理：定植时结合浇定根水施一次稀薄人畜粪，每 667 平方米约 1500kg，以利成活。每采收一次结合浇水追肥一次，每 667 平方米每次追施腐熟人畜粪 2000kg 左右。如果实行多年生栽培，在地上部茎叶完全干枯后，于霜冻前割去茎秆，重施一次过冬肥，培土 5cm 左右，有利于安全越冬和早春萌发。施肥配合使用光合营养膜肥（光肥），提升光合作用产能营养物质和叶绿素、高级环保型植物增肥、增产、增色、叶片肥厚、干茎强壮的复合药膜。可助力植物吸收大量光肥、光能、光照、兼容常规肥料、养料供给植物生长发育至极限，一次施用全年受益。其次做好中耕除草，还应注意病虫害防治，菊花脑很少发生病虫害，但要经常使用植物细胞免疫因子，提升植物抗逆性，可使病毒 DNA 断裂凋亡。强大免疫功能，诱生干扰素和活性细胞介素，抑制残余病毒复制，促进植物正能量生态生长。以寄主植物抗病机理及利用病菌毒性变异原理，控制植物生理性病害和侵染性病害繁衍。

（4）留种：留种用的菊花脑植株，夏季过后不要采收，任其自然生长，并适当追施磷肥和钾肥，以利开花结籽。12 月种子成熟后，剪下花头，晾干，搓出种子，采种后的老茬留在田里，翌年3月又可采收嫩梢上市。

3. 主要价值

【出处】《日华子本草》

【拼音名】Yě Jú

【别名】苦薏（陶弘景），野山菊（《植物名实图考》），路边菊（《岭南采药录》），黄菊仔（《中国药植志》），野黄菊（《江苏植药志》），鬼仔菊（《广西中药志》），山九月菊（《辽宁经济植物志》）。

【来源】为菊科植物野菊、北野菊及岩香菊等的全草及根。夏、秋间采收，晒干。

【化学成分】野菊全草含挥发油、蒙花甙、木犀草素的甙、矢车菊甙、菊黄质、多糖、香豆精类、野菊花内酯。挥发油中主要为莰烯、樟脑、葛缕酮等。

【药理作用】见野菊花条。

（1）花序（野菊花）：苦、辛，凉。清热解毒，疏肝明目，降血压。用于感冒，高血压症，肝炎，泄泻，痈疖疔疮，毒蛇咬伤，防治流脑，预防时行感冒。根、全草（野菊）：苦、辛，凉。清热解毒。用于痈肿，疔疮，目赤，瘰疬，天疱疮，湿疹。

（2）野菊的叶、花及全草入药。味苦、辛、凉，清热解毒，疏风散热，散瘀，明目，降血压。防治流行性脑脊髓膜炎，预防流行性感冒、感冒，治疗高血压、肝炎、痢疾、痈疖疔疮都有明显效果。野菊花的浸液对杀灭孑孓及蝇蛆也非常有效。

（3）药用成分

野菊嫩茎叶每百克含水分85克，蛋白质3.2克，脂肪0.5克，碳水化合物6克，粗纤维3.4克，钙178毫克，磷41毫克，还含有挥发油等。野菊性味苦辛寒，具有清热解毒的功效。治痈肿、疔疮、目赤、瘰疬、湿疹等。

4. 生长习性

喜凉爽，较耐寒，喜阳光充足，也稍耐阴。较耐旱，最忌积涝，喜地势高、土层深厚、富含腐殖质、疏松肥沃、排水良好的壤土。

5. 园林用途

花篱，庭院观赏。

图2-4-27　野菊

四、环境保护工程中边坡绿化技术的应用

1. 边坡绿化与主体工程的同步施工

一般边坡的绿化是与当地的主体工程建设结合在一起的，在保护边坡稳定的前提下要按照国务院的指示精神来采取合理的植被防护办法。绿化技术在环境保护中要与主体工程建设一起，实现边坡绿化与主体工程建设的同步设计和施工以及同步的验收和检验，设计人员要在设计的阶段来对边坡绿化技术的应用做出规划设计。

2. 施工方案的具体选择与适用

边坡绿化要在绿化、美化与生态环境保护的总体规划原则的指导下，按照当地的地理特点环境情况来合理地编制施工方案，达到良好的边坡防护效果。其次，设计人员要选择合适的植物品种，按照当地雨量以及土壤含水量的特点来选择合适的植物品种。施工人员要按照设计方案来实现边坡的绿化与防护，实现边坡植物的配置和主体工程建设的同步达标。此外，设计人员还要在具体的施工中就技术和专业问题对施工人员进行现场的指导，保证边坡绿化建设的质量。

3. 护坡植被的合理选择

边坡防护的植被一般是草坪、灌木乔木或者是各种花朵，施工人员要对灌、草、花进行合理的配置，实现以灌木为主，以草坪为辅，并且适当添加花草的边坡防护层次。灌木的根系发达，适应性强，植物的长期稳定生长有利于护坡作用的更好发挥。草坪弥补了灌木生长较慢的缺点，能够快速的起到绿化及防护的目的，同时灌木的长期稳定也弥补了草本植物退化的缺陷，适当的花草还起到了丰富景观和美化视觉的作用。在植被的选择与配置中，要尽量地选用本地的植物，发挥其较强的生命力以及良好的适应性，减轻边坡绿化管养的工作负担。

综上所述，边坡绿化技术在新时期和其他绿化技术一起，起到了保护当地生态环境、减少水土流失和土壤破坏的作用。边坡绿化的形式具有多种，边坡绿化的设计人员以及施工人员要按照具体的要求，在国家环境保护方针的指导下，结合当地的生态环境特点来制定边坡绿化方案，选择合理的边坡绿化技术，实现边坡绿化的新发展。边坡绿化要尽量地选用当地的植被，通过不同植被的配置来发挥植被的不同绿化效果。

五、边坡绿化施工

经济社会发展较快，环境问题变得更为严峻，受到人们极大重视。在公路、铁路、水利、矿山开采等工程建设或人类活动中，会因土石方的开挖造成原有植被的破坏，造成边坡裸露，严重的可导致水土流失、山体滑坡等，生态平衡的破坏很难在短时间内恢复，因此必须采取工程措施，对边坡进行工程修复与防护。边坡绿化能够营造良好的环境，使生态保持平衡，防止水土流失。边坡绿化工程在施工中，需将大范围种植植被考虑其中，利用现有资源，有效分配人力物力资源，改善空气污染，促进绿化工程的发展及自然生态恢复，再次回归绿色家园，改善人们生活品质，促使社会稳定及和谐。从多年实际工作经验出发，对此进行深入研究。

（一）边坡绿化的施工准备

1. 施工放样

施工开始前，进入施工场地进行实地勘察、放样，这是边坡绿化施工第一个环节。为保证边坡坡度、走向、高程符合设计要求，需施工技术人员准确地进行施工放样，从而保证工程顺利实施。根据实际情况，可用 GPS 法、全站仪法进行施工放样，也可根据已知点、米尺交汇定位，水准仪测量高程等方法。

2. 土壤、种植土

认识到环境保护的重要意义，应在种植植被过程中，考虑土壤结构，还要选取能抵抗恶劣环境的合适植被。土壤为植被提供各种养分，是植物生长的基床，因此要求土壤结构合理，疏松、透气、保水、富含有机物质等，为植物提供充足营养，确保植被茁壮生长。

3. 边坡绿化应注意事项

边坡绿化工程施工时，需做注意如下方面：①土壤是植物生长的基础，结合其绿化植物，应当控制土壤的硬度。合适的土壤硬度便于植物通气与保温，确保植物生长的土质优良。②施工时，应将对周边环境的保护放到首要位置，防止施工人员破坏植被，造成二次破坏。③一般坡地地带，浇水易流失，保水性差，不宜采用灌溉法浇水，可采取小强度微喷管浇灌（滴灌）技术，即可解决浇水问题，亦可解决水土流失问题。

4. 边坡绿化实施

边坡绿化可改善坡地的绿化效果，营造良好的生态环境，改善空气污染，保持生活环境的美观。实施边坡绿化的意义重大,其注意事项也很多。首先,施工区规划要坚持永久与临时相结合,绿化工程和主体工程同时规划设计、施工。其次,工程生态措施要因坡制宜,在确保边坡稳定、道路设施有效发挥功能的前提下,尽量降低工程造价。第三,协调周围环境,形成与周围环境相协调的坡面。在恢复植被的基础上,重视园林景观的美化效果。坡面的绿化应与周围山坡道路的绿化相结合,形成一种自然的景观效果。最后,物种配置应尽量减轻维护管理工作,使其在短期内形成与周围环境相协调的植物群落,并最终达到稳定。

(二)常见的边坡绿化施工方法

1. 液态喷播法

液态播种方法,这种方法经常应用于边坡绿化施工当中,因其设备简单,易于操作,应用广泛。其原理是将种植土壤中加入高分子黏结剂、保水剂、杀虫杀菌剂、肥料等,加水搅拌成泥浆状态,利用空气压缩机提供动力带动喷播机,将含有种子、农药、肥料的泥浆喷射到坡面上,形成适宜植物生长的土壤层,再利用喷播机或人工法将植物种子喷播到坡面泥浆上。因喷播的泥浆中含有肥料、保水剂,是植物发芽生长的基床,可保证植物种子迅速发芽、提供发芽率,很快形成绿植带,从而实现边坡绿化、水土保持、美好环境的目的。

2. 生态袋方法

生态袋,也叫绿化袋,是一种植被绿化、护坡用的生态环保袋。由聚丙烯或聚酯纤维为原料制成的土工袋,具有抗老化、抗紫外线、无毒、不助燃、不风化、不延伸等特点,真正实现生态护坡,因此,被广泛应用于荒山、矿山修复、河道护坡、高速路边坡等工程中。该方法是:将植物种子(草籽、草花籽)、种植土、有机基质、肥料等混合后装入生态袋中,一层层码砌在高边坡的外层,并用专用锁扣将生态袋连接成整体,待生态袋墙码放好后,带有植物种子的生态袋浇水后种子便可以发芽生长,植物根系深深扎入生态袋及边坡中,很快就形成一道道以植物护坡为主的生态袋柔性边坡。它具有下述几方面的优势:材质轻、散热吸热性能良好、有效抵御紫外线、使用周期长;绿化袋中土壤是精心调制而成,便于植物生长。坡面外侧直接用植生袋梯形叠砌,通过堆叠、锁扣呈现护坡,有以下几个环节进行操作:装袋、堆叠、固定、浇水养护。尤其注意在养护中加强浇水、施肥、整苗、修剪、病虫防治等工作。

3. 鱼鳞坑法

鱼鳞坑,指在坡地上挖掘的种植坑,因呈梅花形交错排列,形状多为半圆形或月牙形,形似鱼鳞状,故而得名。土质边坡可直接按梅花形布置树穴,开挖修整后直接栽植植物。石质边坡,在满足条件要求时,也可采取鱼鳞坑方法护坡。在边坡上按照梅花形布置钻孔,利用小型爆破，产生爆破坑，修整后放入适量的种植土、肥料等，作为植物生长的基床，该方法能让植被更好地汲取营养，让植物着重成长，避免营养物质损失。可按照以下环节进行操作：布置钻孔、爆破成坑、修整坑穴、放入种植土、栽植或播种植物、浇水养护。鱼鳞坑法施工可提高坡地植树造林的成活率，发挥水土保持的作用。

边坡绿化施工方法改善了生态环境，特别是液态喷播技术在土质边坡绿化中起到了突出的作用，土质边坡或石质边坡的生态袋法、鱼鳞坑法，也都能很好地解决公路边坡、水利边坡的裸露问题，体现了社会发展、科学进步。边坡绿化不能解决全部环境问题，环境的改变需要公民提高环境保护意识，共同努力，在政府的大力协助下，投身于保护环境的行动中，爱护我们的家园，合理开发建设，大力发展园林绿化，经合理的设计、科学的安排，协调着人类与环境之间的关系，维持生态环境平衡，营造一个绿色家园，推动经济发展。

第五节　体育运动草坪

运动场草坪是当今世界上许多高水平体育竞赛的必备条件，它是经济、科学、技术、管理等诸因素的综合。目前，运动场草坪主要包括天然草坪和人造草坪。为了结合两种草坪的优点，开发了一种新型的天然草坪与人造草坪混合建植技术。混合系统草坪是指利用先进的现代化专业机械设备，以不同方式将一些人造纤维材料以及不同原料的颗粒状和网状材料等混入运动场天然草坪的表层或根系生长层，与天然草坪草、特殊机械管理条件以及基础场地设备共同组成新的草坪系统。现在国内还未见到相关研究与产品，国外则对该项技术研究了多年并已经投入使用。但是国外的相关研究主要集中在混合系统草坪的使用质量方面，具有一定局限性，无法较全面地反映混合系统草坪的综合特性。

一、运动草坪的建植与养护

（一）运动草坪的建植

1. 场地准备

铺设草坪与栽植其他植物不同，在建造完成以后，地形和土壤条件很难再进行改变。要想得到高质量的草坪，应在铺设前对场地进行处理，主要考虑场地清理与平整，排灌系统的设置，土壤耕作及改良等。

（1）场地清理与平整。计划建运动草坪的地段，首先要清除该地树桩、建筑垃圾、草根等杂物。然后对杂草种子及其部分营养繁殖体进行处理。杂草种子的处理可通过施肥、灌水促使其萌发，长至10cm左右应用非选择性的内吸除草剂（草甘膦、茅草枯等）进行灭生防除，重复使用3~4次可将杂草除净；或结合土壤消毒采用薰杀剂（如甲烷、氢化苦、威百亩等）将高效挥发性的农药施入覆盖塑料薄膜的土壤中，以杀伤和抑制杂草种子和营养繁殖体，在清除了杂草、杂物的地面上初步做一次起高填低的平整，在初平过程中切记床面中心不能形成低洼面，不然容易积水。经过耕翻，施基肥后再灌一次透水和滚压2遍，使坚实不同的地方显出高低，以利最后的整平。

（2）排灌系统的设置。草坪要求恰当的土壤湿度，过多的水要能排除，缺水时要能灌溉，以保障植物能正常生长发育和草坪地被处于良好的状态。如地处西部的贵州年降雨量在1000mm以上，排水设施的处理显得尤为重要。运动草坪可运用过滤式排水系统，即采用从下到上，用大、中、小石头层层铺设，然后用粗沙、细沙，再上面是泥土。这种系统可将地面和表土的水过滤到下面，同时在草坪中设置地下排水管，将滤到下层的水排出去。灌溉是弥补自然降水在数量上的不足与时空上的不均，保证适量地满足草坪生长所需水分的重要措施。灌水方法有地面漫灌、喷灌、地下灌溉等，喷灌以其节水、节能、省工、灌水质量高等优点，越来越被人们认识，特别在草坪面积较大的运动草坪中应用越来越广泛。喷灌系统一般由喷头、管网、首部和水源组成，为有效保护运动员及减少人为破坏，喷头要选用运动场地埋式喷头，如雨鸟F4、T-80、7005、8005系列等类型喷头。

（3）土壤耕作及改良。草坪正常生长要求土壤pH值在5.8～7.4，我省土壤绝大多数为酸性和强酸性，需采取撒石灰或施入有机肥的方法进行调节，施用石灰宜在建植之前施入土中，以便在植物根系分布范围内的土壤与石灰充分混合，以达到有效地调整土壤酸碱度的目的。石灰用量取决于土壤pH值及土地的面积。此外有机肥具有很强的缓冲土壤酸碱度作用，还可增强土壤有机质含量，改善土壤物理性状，保水、保肥等优点。因此施用有机肥是一项土壤改良的重要措施，一般作为草坪的基肥施用。草坪植物的根系80%分布在40cm以上的土层中，而且50%以上是在地表以下20cm的范围内。虽然有些草坪植物能耐干旱，耐瘠薄，但种在15cm厚的土层上，会生长不良。为了使草坪保持优良的质量，减少管理费用，应尽可能使土层厚度达到40cm，最好不要少于30cm，在不足30cm的地方应加厚土层。

2. 草种选择

运动草坪的草种选择除要适应本地区的气候条件外，重要的标准是选择适于体育活动的踩踏、耐修剪、有弹性的草坪植物。在贵州省适合的草种比较多，如暖季型的百喜草、狗牙根、野牛草、结缕草等；冷季型的黑麦草、剪股颖、紫羊茅等。

3. 种植方法

建坪方法主要有直播建坪、种苗移栽建坪和植生带铺植3种。

（1）播种法。分为单播和混播2种。由于运动草坪的特点，一般采用混播方式建坪。混播是根据草坪的使用目的、环境条件及草坪养护水平来选择2种或2种以上的草种或同一种类的不同栽培品种混合播种。要取得播种的成功，应该把握好以下几个环节。（1）播种期。暖季型草坪草种由于其生长最适温较高，必须在晚春或早夏播种，此时播种在较长时期较高的土温中，使暖季草种迅速生长建成；冷季型草种一年四季均可播种，但是在春季播种杂草多，会使管理难度增大；中夏播种有不利的湿度和高温；晚秋播种幼苗和根系的生长有限，进入冬季时，或者生长不良，或者被冬季低温危害。所以在晚夏秋初播种气温适宜，杂草少，是建坪的最好季节。（2）播种量。播种量取决于草坪草种类、种子的发芽率及纯净度，发芽条件和要求建植的速度。常用运动草坪的播种量：细弱剪股颖2.5～5.0g/m²，野牛草14.7～29.4g/m²，紫羊茅17.1～22g/m²，狗牙根5.0～7.3g/m²。（3）播种方法。有条播、撒播。条播有利于播后管理，撒播可及早达到草坪均匀的目的；条播是在整好的场地上开沟深5～10cm，沟距15cm，用等量的细土或砂与种子拌匀撒入沟内。不开沟为撒播。播种时，播种人应做回纹式或纵横向后退撒播，播后轻轻耙土镇压，使种子入土0.2～1cm。

（2）种苗移栽法。一般常用草皮直铺成坪。草皮移植起皮前24小时修剪、喷水、镇压，保持土壤湿润，以利于起皮。运动场由于面积较大，多采用密铺法，要求单块草皮30cm宽、100～150cm长、2～3cm厚。铺栽草皮块时，块与块之间留0.5～1cm间距，以防在搬运途中干缩的草块遇水浸泡膨胀后，形成边缘重叠，块与块间的隙缝应填入细土，然后滚压，并进行浇透水。一般浇水后2～3天再次滚压，促进块与块之间的平整。新铺设的块状草坪，滚压一两次是压不平的，以后隔一周浇水滚压一次，直到草坪完全平整为止。

（3）植生带铺法。草坪植生带是用再生棉经一系列工艺加工制成有一定拉力、透水性良好、极薄的无纺布，并选择适当的草种、肥料按一定的数量、比例通过机器撒在无纺布上，在上面覆盖一层无纺布，经黏合滚压成卷制成。然后在经过整理的块面上铺满草坪植生带，覆盖1cm筛过的生土或河沙，早晚各喷水一次，一般10～15天即可发芽，1～2个月可形成草坪。成草迅速，无杂草，覆盖率可达100%。

（二）新建草坪的管理

俗话说"三分种植，七分养护"，这就充分说明了加强养护管理的重要性与科学性。新建草坪的管理主要包括修剪、施肥、浇水、病虫害防治等内容。

1. 修剪

修剪是草坪养护的重点，修剪能控制草坪高度、促进分蘖，增加叶片密度，抑制杂草生长，增强草坪植物的耐磨性。新建草坪一般在草长至8～10cm高时开始修剪，修剪时要注意坪床要干燥，刀片要锋利，留草高度为2～3cm。修剪次数因季节、地区、草种而不同，一般在生长旺盛期的修剪次数多，粗草类多于细草类，运动草坪由于其特点，它的修剪方式不同于一般草坪。为了让运动草坪减少磨损，或者磨损以后迅速恢复，多采用条状花纹形成间隙修剪草坪。即将草坪的修剪分成两次完成，第一次草车运行时，先修剪其中单数线条纹，间隔一段时间后再修剪其中双数线条花纹。两次轧剪时间不同，草坪球场看上去显示明显的条状花纹。每次修剪完毕，要把草屑清除草坪外，否则在草坪中堆放易引起下面草坪的死亡或发生病害，害虫也容易在此产卵。

2. 施肥

施肥是为草坪草提供养料的重要措施。因为草坪植物主要是进行叶片生长，并无开花结果的要求，所以施用化肥多以氮素肥料为主，辅之以磷、钾肥，以增强抗病防病能力。氮、磷、钾三种化肥的施用比例通常应控制在 5 ∶ 4 ∶ 3 为宜。施肥量及次数受诸多因素的影响，如草种、天气状况、生长季的长短、土壤肥力质地、草坪周围环境条件等。剪股颖、狗牙根生长较快，是重肥草坪草，而紫羊茅、野牛草生长较慢，对肥料的要求也较低；气温适宜，草坪草生长旺盛的季节应多施肥，如冷地型草坪草重要的施肥时间是春季和秋季；土壤贫瘠的需肥较多。运动草坪生长季复合肥施用量为 1.0g/ 天 /m²，施肥周期为 15 天，较其他草坪施肥量要多些。施肥时应注意以下几点：a. 施肥要均匀；b. 施肥前对草坪进行修剪；c. 施肥后一般要浇水。

3. 浇水

水对草坪的作用是多方面的，除了维持正常的新陈代谢作用外，水还能提高茎叶的韧度，使草的茎叶经得起人们踩踏。运动草坪在白天被践踏之后，傍晚如能及时浇水灌溉，数小时后新磨损的茎叶即可复苏，并可免予遭受次日烈日曝晒而干枯，其效果是十分明显的。当草坪表现出不同程度的萎蔫，叶片卷缩，叶色变为灰绿色或草坪干层在 10cm 时，草坪就需要浇水。通常在早晨太阳出来时进行灌溉，不要在烈日的中午和晚上浇水。灌溉时应使土壤湿润到 15cm 深处，减少灌水次数，增加灌水量可获得最佳效果。一般 1 周浇水 2 次，特别干旱地区可适当增加次数。刚修剪过的草坪不能马上浇水，否则会因创面多而发生病虫害。

4. 病虫害防治

草坪常见病害主要有菌核病、褐斑病、锈病等。可在春季生病初期或 6 月上旬草坪修剪后交替使用代森锌、粉锈宁、多菌灵、甲基托布津等杀菌剂 1000 ~ 2000 倍液喷施，每 7 ~ 10 天一次，连续 3 ~ 4 次。常见的虫害有地老虎、蝼蛄、黏虫等，用 2.5% 的溴氰菊酯或 50% 辛硫磷喷施可防治地老虎，用 50% 的氧化乐果或 80% ~ 90% 敌百虫 1000 倍液喷施可防治黏虫。

二、运动场草坪的病虫害防治

（一）草坪病害

1. 褐斑病

褐斑病是草坪上最为广泛的病害，是早熟禾最重要的病害之一，常造成大面积草坪枯死。

（1）特征：被侵染的叶片首先出现水浸状，颜色变暗、变深，最终干枯、萎蔫，呈浅褐色。在暖湿条件下，枯草斑有暗绿色至灰褐色的浸润性边缘，系由萎蔫的新病株组成，称为"烟状圈"，在清晨有露水时或高温条件下，这种现象比较明显。留茬较高的草坪则出现圆形枯草斑，无"烟状圈"症状。在干燥条件下，枯草斑直径可达30cm，枯草斑中央的病株较边缘病株恢复得快，结果其中央呈绿色，边缘为黄褐色环带。草坪草染上该病，草死后会被藻类所代替，使地面形成蓝色硬皮。

（2）诱发因素：主要是由于高温条件下过量施用氮肥、环境不通风、枯草层过厚等因素所诱发的。

（3）防治措施：①平衡施肥，增施磷、钾肥，避免偏施氮肥，防止大水漫灌或积水。②改善通风透光条件，清除枯草层和病残体，减少菌源。③使用世高、代森锰锌、甲基托布津、多菌灵、井冈霉素等药物进行预防和治疗，预防浓度一般为800倍，治疗时可用300～500倍液。

2. 腐霉枯萎病

腐霉菌也是一种土壤习居菌，萌发需要有水的条件，高温高湿是腐霉菌侵染的最适条件，尤其喜侵染冷季型草坪草。

（1）特征：高温高湿条件下，腐霉菌侵染草坪草会导致根部、根茎部和茎、叶变褐并腐烂。草坪上突然出现直径2～5cm的圆形黄褐色枯草斑。修剪较低的草坪上枯草斑最初很小，但迅速扩大。剪草较高的草坪枯草斑较少，受害植株腐烂、倒伏，紧贴地面枯死，枯死秃斑呈10～15cm不等的圆形或不规则形。枯草斑内病株叶片暗褐色水浸状腐烂，干燥后病叶皱缩，色泽变浅，高温时有成团的棉毛状菌丝体生成。多数相邻的枯草斑可汇合，形成较大的不规则的死草区，这类死草区往往分布在草坪最低湿的区段。

（2）诱发因素：主要危害期在6～9月中旬的高温高湿季节，白天最高温30℃以上，夜间最低20℃以上，相对湿度高于90%，且持续14小时以上。低凹积水，土壤贫瘠，有机质含量低，通气差，缺磷，氮肥施用过量。

（3）防治方法：①改善立地条件，避免雨后积水。②合理灌水，减少灌水次数，控制灌水量，减少根层（10～15cm）土壤含水量，降低草坪气候相对湿度。③及时清除枯草层，高温季节有露水时不剪草，以避免病菌传播。④平衡施肥，合理修剪，高温季节不要过多、过频剪草，留茬不宜过低，一般5～6cm。⑤药物控制：世高、百菌清、代森锰锌、恶霉灵等。

3. 镰刀枯萎病

病原为镰刀菌，种子带菌率较高，高温干旱利于病害发生。

（1）特征：病株发病后通常显露棕色或红褐色腐烂的冠和根组织，草坪的枯斑块呈蛙眼状或环状病斑，可形成成片草皮枯萎。此病初发时常长出一些细丝，在植物的顶部形成蛛网状的菌丝。

（2）发病规律：在 25 ~ 36℃且天气干旱时容易发病，枯草覆盖层过厚，春夏时施氮肥过多，可使病害加重，并促使出现蛙眼病斑症状。

（3）防治方法：①感病草坪要经常少量灌溉，可减轻危害程度，避免枯草覆盖层过厚和氮肥过量。②适时喷苯菌耿等杀菌剂。

（二）草坪虫害及防治措施

运动场因较频繁地修剪和人为活动多，草坪地上部分受虫害影响不大，一般喷 1 ~ 2 次杀虫剂即可防治，反倒是地下害虫比较难以防治，原因是草坪不能翻耕，无法对土壤进行处理。地下害虫的传播来源主要是冬季铺沙施肥时外购的沙子和鸡粪。

1. 蛴螬和地老虎

在体育场不具备它们的成虫生活环境，若有发生，可用辛硫磷或溴氰菊酯 1000 倍液进行地面喷洒，有很好的防治效果。

2. 蝼蛄

混有泥炭和沙子的坪床是蝼蛄比较喜欢的土壤，4 月上旬 ~ 5 月间和 9 月下旬 ~ 10 月中旬这两个时间段是蝼蛄活动盛期，危害比较大，草坪的地面可看见隆起的隧道，周围草坪枯死。所以防治上要抓住这两个时期，主要措施有：①在蝼蛄洞穴的草坪周围用大水漫灌，灌出蝼蛄后人工杀死；②用 90% 晶体敌百虫 2kg 兑水 10kg 配成药液，然后喷在 50kg 炒香的麦麸上拌匀制成毒饵，傍晚时撒到被害植株附近，隔一段距离撒一撮，第 2 天清早拣走被毒虫体，该方法见效最好。

此外，由于各种体育运动项目很多，运动场草坪种类也很多，如足球场、高尔夫球场、网球场、射击场、垒球场等。建植各类运动场草坪的草种，因运动项目特点不同而异，通常应选择根系发达、再生能力强、耐践踏、耐频繁刈割的草坪草，提倡采用多品种甚至多个种的草坪草混播，这样可有效降低草坪草病害的发生与蔓延，保证运动场草坪有良好的景观效果。

第三章　多年生草本地被植物

多年生植物是指寿命超过两年的植物。由于木本植物皆为多年生，本词通常仅指多年生的草本植物，多年生常绿草本植物，又称多年生草本、多年草等。

多年生植物依气候不同而有多种形态。多年生植物的根一般比较粗壮，有的还长着块根、块茎、球茎、鳞茎等器官、冬天，地面上的部分仍安静地睡觉，到第二年气候转暖，它们又发芽生长在气候温和的地区，植物终年生长不落叶，称为常绿植物。在季节变化明显的地区多年生植物表现更为明显，植物在温暖的季节生长开花，到了冬天时，木本植物的树叶会枯黄掉落，称为落叶植物。草本植物则是仅保留地下茎或根部分进入休眠状态，称为宿根草。此外有些地区的气候变化是以干、湿季来划分，当地的植物又会有不同的生命周期。

有些植物虽然有数年寿命，但生命中仅开花结果一次，然后便枯萎死亡，称为单次开花植物，如龙舌兰与竹子。

（一）郁金香

郁金香（学名：Tulipa gesneriana），百合科郁金香属的草本植物，是土耳其、哈萨克斯坦、荷兰的国花。英文名：Flower of Common Tulip, Flower of Late Tulip，中药名称：郁金香《本草拾遗》；郁金香《太平御览》；红蓝花、紫述香《纲目》。花叶 3～5 枚，条状披针形至卵状披针状，花单朵顶生，大型而艳丽，花被片红色或杂有白色和黄色，有时为白色或黄色，长 5～7 厘米，宽 2～4 厘米，6 枚雄蕊等长，花丝无毛，无花柱，柱头增大呈鸡冠状，花期 4～5 月。

郁金香世界各地均有种植，是荷兰、新西兰、伊朗、土耳其、土库曼斯坦等国的国花，被称为世界花后，成为代表时尚和国际化的一个符号。

1. 形态特征

多年生草本。鳞茎偏圆锥形，直径约 2～3cm，外被淡黄至棕褐色皮膜，内有肉质鳞片 2～5 片。茎叶光滑，被白粉。叶 3～5 枚，带状披针形至卵状披针形，全缘并成波形，常有毛，其中 2～3 枚宽广而基生。花单生茎顶，大型，直立杯状，洋红色，鲜黄至紫红色，基部具有墨紫斑，花被片 6 枚，离生，倒卵状长圆形，花期 3～5 月。蒴果室背开裂，种子扁平。

2．栽培技术

（1）田间管理

1）调控温度

郁金香的生长期适温为 5 ~ 20℃，最佳温度为 15 ~ 18℃，植株的生育温度应保持在 0 ~ 25℃。郁金香根系的生长温度宜在 5℃以上，14℃以下，尤为 10℃左右最佳。花芽分化的适温为 17 ~ 23℃，超过 35℃时，花芽分化会受到抑制。另外，郁金香有极强的耐寒性，冬季可耐 ~ 35℃的低温，当温度保持在 8℃以上时开始生长。

2）水分管理

栽培过程中切忌灌水过量，但定植后一周内需水量较多，应浇足，发芽后需水量减少。尤其是在开花时水分不能多，浇水应做到"少量多次"如果过于干燥，生育会显著延缓，郁金香生长期间，空气湿度以保持在 80% 左右为宜。

3）光照条件

种球发芽时，其花芽的伸长会受到阳光的抑制。因此必须深植，并进行适度遮光，以防止直射阳光对种球生长产生不利的影响。

4）土壤和施肥

以沙壤土为好，土壤酸碱度以中性偏碱为好。郁金香较喜肥，栽前要施足基肥。一般采用干鸡粪或腐熟的堆肥作基肥并充分灌水，定植前 2 ~ 3 天仔细耕耙确保土质疏松。种球生出两片叶后可追施 1 ~ 2 次液体肥，生长旺季每月施 3 ~ 4 次氮、磷、钾均衡的复合肥，花期要停止施肥，花后施 1 ~ 2 次磷酸二氢钾或复合肥的液肥。

5）种球贮藏

种球贮藏的条件直接影响到种球内的花芽分化及植株的开花时间，收获后的种球应尽量放于通风、干燥、凉爽的地方。有条件的可在 7 ~ 8 月高温季节把种球放于 15 ~ 17℃ 冷库中，则种球发育顺利，并能促进其花芽分化和发育。若种球置于 35℃以上的高温下，会出现花芽败育，发育畸形。

（2）病虫防治

郁金香的病害主要有腐朽菌核病、灰霉病和碎色花瓣病。防治方法首先是尽可能选用无病毒种球，并进行土壤和种球的消毒，及时焚烧病球、病株等；然后每半个月用 5% 苯来特可湿性乳剂 2500 倍喷杀。郁金香的虫害主要有蚜虫和根螨，蚜虫一般采用 40% 乐果乳剂 1000 倍液喷杀。

＊病原菌

TuBV 称郁金香碎色病毒。

分布区域：

发病特点：

郁金香碎色病毒可由汁液、蚜虫及种球传播，郁金香圆尾蚜虫主要在鳞茎贮藏期传毒，生长期则不能。上海等地从荷兰进口种用鳞茎大部分品种只能种植 2～3 年，后逐渐退化变小，甚至不能开花，该病毒是退化的主要原因。

防治方法：

（1）选用无病鳞茎作为繁殖材料。对引进的郁金香种球，应集中采用茎尖培养与热处理相结合的方法进行脱毒，建立无病毒繁育基地，获取无毒苗，再进入市场。

（2）鳞茎贮藏期如发现郁金香圆尾蚜活动，或田间发现其他蚜虫，应及时喷 40% 乐果乳油 1000 倍杀灭，防其传毒。

（3）田间发现病株及时拔除。

（4）种植郁金香的田块，最好远离百合属植物，防止传毒。

（5）发病重的地区生产上还是选用较抗病的单瓣郁金香品种为妥。

3．主要价值

（1）药用价值

【性味】苦；辛；平

【功能主治】

化湿辟秽。主脾胃湿浊；胸脘满闷；呕逆腹痛；口臭苔腻

①《本草拾遗》：主一切臭，除心腹间恶气鬼疰，入诸香药用之。

郁金香

②《开宝本草》：丰蛊野诸毒，心气鬼疰，鸦鹊等臭。

【用法用量】

【内服】煎汤，3～5g。外用：适量，泡水漱口。

【药理作用】

曾有报道，花和叶中含一种有毒生物碱，其生理作用类似西发丁碱（Veratrine）郁金香甙 ABC 对枯草杆菌有抑制作用。郁金香汁通过阳离子及阴离子交换树脂后，对金黄色葡萄球菌仍有抗菌作用。茎和叶的酒精提取液，对 Bacillus cereus mycoides 有抗菌作用，其活性成分中含有多种氨基酸。

（2）观赏价值

郁金香是世界著名的球根花卉，还是优良的切花品种，花卉刚劲挺拔，叶色素雅秀丽，荷花似的花朵端庄动人，惹人喜爱。在欧美视为胜利和美好的象征，荷兰、伊朗、土耳其等许多国家珍为国花。

4．生长习性

郁金香原产地中海沿岸及中亚细亚、土耳其等地。由于地中海的气候，形成郁金香适应冬季湿冷和夏季干热的特点，具有夏季休眠、秋冬生根并萌发新芽但不出土，需经冬季低温后第二年2月上旬左右(温度在5℃以上)开始伸展生长形成茎叶，3～4月开花的特性。

生长开花适温为 15 ~ 20℃。花芽分化是在茎叶变黄时将鳞茎从盆内掘起放阴冷的室外内度夏的贮藏期间进行的。分化适温为 20 ~ 25℃，最高不得超过 28℃。

　　郁金香属长日照花卉，性喜向阳、避风，冬季温暖湿润，夏季凉爽干燥的气候。8℃以上即可正常生长，一般可耐 ~ 14℃低温。耐寒性很强，在严寒地区如有厚雪覆盖，鳞茎就可在露地越冬，但怕酷暑，如果夏天来得早，盛夏又很炎热，则鳞茎休眠后难于度夏。要求腐殖质丰富、疏松肥沃、排水良好的微酸性沙质壤土。忌碱土和连作。

图3-1-1　郁金香

（二）百子莲

　　百子莲（学名：Agapanthus africanus Hoffmgg.）是石蒜科百子莲属植物。宿根植物，盛夏至初秋开花，花色深蓝色或白色。叶线状披针形，近革质；花茎直立，高可达60厘米；伞形花序，有花 10 ~ 50 朵，花漏斗状，深蓝色或白色，花药最初为黄色，后变成黑色；花期 7 ~ 8 月。喜温暖、湿润和充足的阳光。相对休眠期的冬季盆土应保持稍干燥；越冬温度不低于8℃。北方需温室越冬；温暖地区可庭园种植。有白花和花叶品种。

　　1. 形态特征

　　百子莲属多年生宿根草本。叶线状披针形，花茎直立，高可达 60 厘米；伞形花序，有花 10 ~ 50 朵，花漏斗状，深蓝色或白色，花药最初为黄色，后变成黑色；花期 7 ~ 8 月。

　　2. 栽培技术

　　（1）土壤：百子莲养殖土壤要求疏松、肥沃的砂质壤土，pH5.5 ~ 6.5，盆土可用腐熟厩肥土2份、腐叶土6份、沙土2份混匀配制。

　　（2）浇水：百子莲是喜湿植物，养殖的时候需要保持植株湿润，浇水要透彻，但忌水分过多、排水不良，一般室内空气湿度即可。

　　（3）阳光：百子莲是喜阳植物，可以适量的阳光直射，但是不可太久。适宜放置在光线明亮、通风好，且没有强光直射的窗前。

　　（4）温度：百子莲性喜温暖，不耐寒。夏季宜凉爽，温度以 18 ~ 22℃为宜，冬季休眠期要求冷凉干燥的环境，温度不可低于5℃。

（5）施肥：百子莲喜肥，待叶片长至5～6厘米长时开始施追肥，一般每隔半个月施1次腐熟的饼肥水，花后改为每20天左右施1次。

（6）虫害：为使百子莲生长旺盛、及早开花，应进行病虫害防治，每月喷洒花药一次，喷花药要在晴天上午9时和下午4时左右进行。

（7）修剪：百子莲的生长速度非常快，叶片长又密，应在换盆、换土的同时把败叶、枯根、病虫害根叶剪去，留下旺盛叶片即可。

3．主要价值

（1）食用

到了秋季可以采挖百子莲，把百子莲呈扁圆盘状的鳞茎挖出，用水洗干净，便可以直接食用，还可以切成片，自然晾晒干后在食用。

（2）药用

百子莲属于性温，味辛，其作为药物来说是气味性能在猛烈程度中是最轻的药物。

①活血：可以使人体的气血恢复旺盛状态。人体的气血是气滞则血凝，气行则血行。若在配合理气方面的药物，则可以大大增强其作用。

②治疗痈疮肿毒：这是一种急性化的感染性疾病，一般得此病的成年人居多。发病的部位大部分在臀部、腹部、腰部、背部、颈部等皮肤较粗厚的位置，其自身传染力非常强。百子莲可以有效缓解其症状。尤其患有糖尿病的患者，若得此病更不易治疗。

③散瘀消肿：因外力的撞击而造成皮肤出来瘀青血肿的症状，但皮肤表面没有任何破损。百子莲可以有效缓解其症状。

④解病毒：百子莲还具有一定的解毒作用。可以外用，捣碎敷在患处。

（3）观赏

百子莲可以在庭院种植，也可以栽种在花盆里，是点缀庭院与家居的不错选择。

4．生长习性

喜温暖、湿润和阳光充足环境。要求夏季凉爽、冬季温暖，5～10月温度在20～25℃，11月至4月温度在5～12℃。如冬季土壤湿度大，温度超过25℃，茎叶生长旺盛，妨碍休眠，会直接影响翌年正常开花。

光照对生长与开花也有一定影响，夏季避免强光长时间直射，冬季栽培需充足阳光。土壤要求疏松、肥沃的砂质壤土，pH在5.5～6.5，切忌积水。

图3-1-2　百子莲

（三）君子兰

君子兰（学名：Clivia miniata），别名剑叶石蒜、大叶石蒜，是石蒜科君子兰属的观赏花卉。原产于南非南部。是多年生草本植物，花期长达30～50天，以冬春为主，元旦至春节前后也开花，忌强光，为半阴性植物，喜凉爽，忌高温。生长适温为15～25℃，低于5℃则停止生长。喜肥厚、排水性良好的土壤和湿润的土壤，忌干燥环境。君子兰具有很高的观赏价值，中国常在温室盆栽供观赏。分株或种子繁殖。功效相同的尚有垂笑君子兰（C.nobilis），各地温室栽培，花色多样。君子兰的寿命达几十年或更长。君子兰是长春市的市花。

1. 形态特征

君子兰根肉质纤维状，为乳白色，十分粗壮。根系粗大，很有肉质感。君子兰茎基部宿存的叶基部扩大互抱成假鳞茎状。叶片从根部短缩的茎上呈二列迭出，排列整齐，宽阔呈带形，顶端圆润，质地硬而厚实，并有光泽及脉纹。基生叶质厚，叶形似剑，叶片革质，深绿色，具光泽，带状，长30～50厘米，最长可达85厘米，宽3～5厘米，下部渐狭，互生排列，全缘。

花葶自叶腋中抽出，若从种子开始养护，一般要达到15片叶时开花。花茎宽约2厘米，小花有柄，在花顶端呈伞形排列，花漏斗状，直立，黄或橘黄色、橙红色。伞形花序顶生，花直立，有数枚覆瓦状排列的苞片，每个花序有小花7～30朵，多的可达40朵以上。花被裂片6，合生。垂笑君子兰则花稍垂，花被狭漏斗状。花梗长2.5～5厘米；花直立向上，花被宽漏斗形，鲜红色，内面略带黄色；花被管长约5毫米，外轮花被裂片顶端有微凸头，内轮顶端微凹，略长于雄蕊；花柱长，稍伸出于花被外。

浆果紫红色，宽卵形。盛花期自元旦至春节，以春夏季为主，可全年开花，有时冬季也可开花，也有在夏季6～7月间开花的。果实成熟期10月左右，属浆果，紫红色。花、叶并美。

2. 栽培技术

（1）栽培技巧

1）光照：君子兰是喜欢湿润的植物，适宜在高湿度环境下生长，但对光照要求不高，只要温度适宜，光照时间长一点或是短一点都无所谓。虽然良好的光照能够保证君子兰花颜色鲜艳，但它还是喜欢稍微弱一些的光线，所以一定要避免强光哦。

2）倒盆：君子兰长大了，就需要给它换个大盆了，这就是"倒盆换土"。换土时间最好选择在春秋两季，因为这时君子兰生长旺盛，不会因换土影响植株的生长。换土最关键的一点就是要把根部用土装实，不然倘若根部没有土，那么水分和养分就达不到根部，易造成烂根。

3）土植要点

主要采用播种法繁殖君子兰，从而形成了形形色色的品种。君子兰栽培较简易，要选好盆土，可放置于室内近窗处，按各地气温特点掌握肥水。生长期须保持盆土湿润，高温半眠期盆土宜偏干，并多在叶面喷水，达到降温目的。君子兰喜肥，每隔 2 ~ 3 年在春秋季换盆一次盆土内加入腐熟的饼肥。每年在生长期前施腐熟饼肥 5 ~ 40 克于盆面土下，生长施液肥一次。管理中要经常转盆，防止叶片偏于一侧，如有偏侧应及时扶正。气温 25 至 30 度时，易引起叶片徒长，使叶片狭长而影响观赏效果，故栽培君子兰一定要注意调节室温。

4）土壤

君子兰适宜用含腐殖质丰富的土壤，这种土壤透气性好、渗水性好，且土质肥沃，具微酸性（pH6.5）。一般君子兰土壤的配置，6 份腐叶土、2 份松针、1 份河砂或炉灰渣、1 份底肥（麻子等）。腐叶土主要是指柞树叶子，也叫橡树。这种树叶质地厚，是很好的腐殖质。有营养，透水性好。其他树叶太薄，腐化后就没有了，无法和其他介质掺和配土。栽培时用盆随植株生长时逐渐加大，栽培一年生苗时，适用 3 寸盆。第二年换 5 寸盆，以后每过 1 ~ 2 年换入大一号的花盆，换盆可在春、秋两季进行。

5）浇水

君子兰具有较发达的肉质根，根内存蓄着一定的水分，所以这种花比较耐旱。不过，耐旱的花也不可严重缺水，尤其在夏季高温加上空气干燥的情况下不可忘记及时浇水，否则，花卉的根、叶都会受到损伤，导致新叶萌发不出，原来的叶片焦枯，不仅影响开花，甚至会引起植株死亡。但是，浇水过多又会烂根。所以要好好掌握，经常注意盆土干湿情况，出现半干就要浇一次，但浇的量不宜多，保持盆土润而不潮就是恰到好处。

有条件的当然是用磁化水最好，其次是雨水、雪水或江河里的活水，再次是池塘里的水，最差的是自来水。住在大城市中的养花者只有自来水可用，那么，可以用一个小水缸或盆桶，把自来水放进去，隔 2 ~ 3 天后再浇。这样可以使水中部分有害的杂质沉淀。另外，可以让水中所含的物质得到氧化和纯化，而且可以使水的温度接近盆土的温度，不致太冷或太热，使植株受到伤害。

6）施肥

花卉中有不少是喜肥的，但对喜肥花卉施肥也要有一个限度，过多施肥，不利生长，甚至会成植株烂根或焦枯。君子兰也属于这类植物，必须做到适量施肥。花卉在不同的生长发育阶段对养分的需要量也不同。所以应该在各个时期采取不同的适合于植株需要的施肥方式。如施底肥、追肥、根外施肥等。

①施底肥（或称基肥）。目的是创造植株生长发育的条件，满足其对养分的需要。君子兰施底肥应在每2年一次的换盆时进行。施入土壤中常用的厩肥（即禽畜粪肥）、堆肥、绿肥、豆饼肥等。

②追肥。主要是促进植株的生长。君子兰可施用饼肥、鱼粉、骨粉等肥料。初栽植的少施些，以后随着植株的长大和叶片的增加，施肥量也随之逐渐增加，施肥时，扒开盆土施入2～3厘米深的土中即可，但要注意，施入的肥料不要太靠近根系，以免烧伤根系。施这种固体肥一般每月施一次已够，不宜再密。

③追施液肥。追施液肥是将浸泡沤制过的动植物腐熟的上清液兑上30～40的清水后浇施在盆土上。小幼苗宜浇对水40倍的，中苗宜对水30倍的，大苗可只对20倍水。浇施肥液后隔1～2天后要接着浇一次清水（水量不宜多），使肥料渗放盆土中的根系，充分发挥肥效。浇施液肥前1～2天不要浇水，让盆土比较干一些再施肥液，更为有效。施肥时间最好在清晨；浇施时，应让肥液沿盆边浇入，注意避免施在植株及叶片上。

此外，施肥品种也应根据季节不同，施不同的肥料。如春、冬两季宜施些磷、钾肥，如鱼粉、骨粉、麻饼等，有利于叶脉形成和提高叶片的光泽度；而秋季则宜施些腐熟的动物毛、角、蹄或豆饼的浸出液，以30～40倍清水兑稀后浇施，助长叶片生长。

④根外追肥。用这种方法施肥，主要是弥补土壤中养分之不足，以解决植株体内缺肥的问题，使幼苗生长快、花朵果实长得肥大。根外施肥就是把肥料的稀释液直接用雾器喷在植株的叶面上，让营养元素通过叶片表皮细胞和气孔渗入叶内组织再输往植株全身。常用的施肥品种有尿素、磷酸二氢钾、过磷酸钙等。喷时，要向叶片正反两面均匀喷施。生长季节4～6天喷1次，半休眠时2星期1次，一般在日出后喷施，植株开花后即宜停施。必须注意的是，这种方法只有在发现植株缺肥的情况下才可使用。若植株营养充足，生长旺盛，则不宜采用。

7）避暑

盛夏时节，气温常在30℃以上，这对君子兰生长极为不利。为此，一般常用搭棚降温。还可将君子兰连盆一起埋进沙子里（将盆埋没），然后在沙子上每日早晚各洒水一次。这样，既能使盆土保持湿润，更主要的是可以借沙子里水分蒸发时的吸热作用达到降温目的。

8）后期管理

君子兰花期一般在2～4月，开花后，可用适当降温、通风和减少光照的方法延长花期。君子兰花期的长短，可以通过人们莳养技术进行控制。

施肥：应加施一次骨粉、发酵好的鱼内脏、豆饼水，可使花色鲜艳，花朵增大，叶片肥厚。否则，易出现花朵小，数量少，花色淡的现象。同时应注意避免氮肥施用过多，磷钾肥料不足，以致生长衰弱或叶子徒长，影响显蕾开花。

光照：要给予一定的光照条件，以满足光合作用和开花对光照的要求。强光照下，花期短，花色艳；弱光下，花色淡。光照太长、太强或长期荫蔽，光照不足，均影响养分制造积累，使之不能显蕾开花。

温度：适宜的温度对开花效果的好坏有明显影响，温度过高根毛存在时间极短，吸收水肥的功能大幅度减退，使君子兰呈现半休眠状态；温度低于10℃也会使生长受到抑制；生长期应控制在15～25℃，花期应在15～20℃。根毛存在的时间长，水肥吸收功能好，叶片就长得短而宽，花势茂盛。还应注意君子兰昼夜要保持8℃左右的温差，因为它在白天较高温度条件下制造的有机物是需要在夜间较低温度条件下贮存和消化的。

水分：君子兰在整个植株生长期间不能缺水，进入开花期需水量更大，生长湿度不低于60%。

（2）水培方法

1）容器选择

对君子兰进行水培，首先要选择好容器。一般来说，以透明的玻璃容器为好，如果养一株幼苗，只需要一个玻璃罐头瓶就行了。如果要大量水栽，可用细铁丝编制一个孔径为一厘米的金属网，在制作一个比金属网稍小的玻璃水培箱；或用金鱼缸代替也可以。然后将金属网盖在水培箱上，将君子兰苗通过网眼分别插入营养液中，花根在培养液中的深度已不超过根部的假鳞茎为限。

2）营养液配制

营养液分无机和有机两种。无机营养液可按如下比例配制：钙1.5克、硫酸亚铁0.01克、尿素克、磷酸二氢钾1克、硫酸镁0.5克，以上5钟无机盐配齐后，溶于1000克水中即可使用。有机液按如下方法配制：炒熟麻籽面100克、骨粉（无盐鲜骨制成）100克、豆饼粉150克、熟芝麻粉50克，然后溶于1000克水中。以上两种营养液比较起来，有机肥成分丰富，但营养含量不高，无机肥成分相对单一，但肥效大，见效快。为取长补短，二者可结合使用。若单用，无机肥每周施放一次，有机肥5天施放一次。

3）用水

水培君子兰，不能直接取用自来水，必须用"困"过的水，所谓"困"水，就是把自来水放在容器中，在阳光下晒上3～5天，使对君子兰根部有害的漂白粉等氯化物沉淀。"困"过的水，从外表上看，沉淀物由条状变成团状，水的颜色以绿为佳。"困"好水后，淹没根部位置一定不能淹没假鳞茎。水位过浅不能使君子兰得到充分的水分供应，水位过深（淹没了假鳞茎）又会造成根部溃烂。在养殖程中，要注意多观察水质的变化，发现根部有些发黄或变黑，说明水中既缺氧又少肥，必须立即换水。

4）空气、阳光、温度

能否处理好水培兰根部的通气，是水培成败的关键。水培兰经过一段时间的养殖，根部便生出一层青苔，青苔过厚时会严重影响根的呼吸，并腐蚀培养液。这时，需要用柔软干净的毛刷轻轻刷去部的青苔层（不必刷得很干净，因根部有少量青苔影响不大）。此外，还要时常检查水中的氧气是否够用。

检查的方法是：向水培箱中放进两三条小鱼，如果小鱼在水中自由自在地游来游去，说明水中不缺氧，如果小鱼总是浮上水面，嘴和腮露出水面呼吸，说明水中缺氧。发现水中缺氧后，必须补氧，方法有两种，一是换水，二是用小氧泵向水中供氧。在阳光的处理上，君子兰是半阴半阳植物，要注意光照，特别是夏季，要避开直射的强烈阳光，使之接受散射光照。此外，根据君子兰叶片的向光特性，要注意使叶片受光均匀，否则叶片长度不一，生长方向也会前后错落，一般每隔两三天就要调整一次光照角度. 在温度处理上，成龄君子兰的环境温度以 11 ~ 25℃为好，小苗可稍高些，20 ~ 35℃就可以。水中养兰要掌握昼夜温差，冬季白天保持 20℃左右，夜间不低于 15℃为好。

（3）冬季管理

君子兰原产南非，为多年生常绿草本花卉，喜温暖凉爽气候，怕高温严寒，夏季休眠，秋冬生长，因此，加强冬管是莳养关键。其要点如下：

1）施肥君子兰冬季营养生长速度最快，需要的营养物质最多，因此，施好冬肥很重要。花盆入室前用骨粉、炒芝麻、熟大豆等或复合肥，每隔 15 ~ 20 天对水浇施 1 次，也可用动、植物残体浸泡液浇根。要做到肥料腐熟淡施，防止浓肥伤害。

2）浇水君子兰为肉质根，好气怕水渍。此外，君子兰叶片有蜡质层，冬季气温低，水分的蒸腾、蒸发量少。因此浇水不宜过多，只需结合施肥浇水，保持盆土湿润即可。切不可大水浸灌，造成烂根死苗。

3）保温君子兰最适宜的生长温度为 15℃ ~ 25℃，10℃停止生长，0℃受冻害。因此，冬季必须保温防冻。花茎抽出后，维持 18℃左右为宜。温度过高，叶片、花苔徒长细瘦，花小质差，花期短；温度太低，花茎矮，容易夹箭早产（开花），影响品质，降低观赏价值。

4）调光君子兰喜散射光，忌直射强光。冬季室内养护，花盆要放在光照充足的地方。特别是在开花前要有良好的光照，有利花蕾发育壮实。开花后适当降温、避强光，保持通气良好，有利于延长花期。

5）护叶叶肥花壮，叶绿花艳，叶短、阔、厚、绿、亮、挺是健康君子兰的特点，是促进开花提高观赏价值的基础。维持强健的叶质，除提供合理的肥水外，必须保持叶面清洁，以提高光合效率。护叶方法，一是定期洗叶，相同的清水喷洒冲洗或揩抹污染叶片上的尘埃物，保持叶面清洁；二是及时喷洒杀菌剂，防止叶斑病、叶枯病、茎腐病的发生，确保叶片青绿，花朵艳丽。君子兰一定要用专用君子兰土。

（4）夹箭处理

A．夹箭原因：

1）温度太低：君子兰抽葶温度为 20℃左右，若是温度长期低于 15℃，其花葶很难长出。

2）营养不足：君子兰孕蕾和开花时对磷、钾肥的需求量较大，若是缺乏就会使君子兰抽葶力量不足，从而出现夹箭现象。

3）盆土缺氧：君子兰孕蕾期根系需氧量大，如果盆土过细或长期处于湿度较大的状态，就会降低盆土通透性，从而出现缺氧，造成夹箭现象。

4）恒温莳养：君子兰开花需要 5℃至 8℃的昼夜温差，如果白天、黑夜都让植株处于一个基本相同的温度下，就会影响君子兰的营养积累，开花期就很容易出现夹箭现象。

5）伤根烂根：君子兰根系受损或者烂根，就会造成营养吸收渠道受阻，影响植株抽葶开花。

6）品种不良：有些品种的君子兰天生夹箭。

B．防治措施：

1）调整温度，增加温差：入冬时，君子兰经过 20 天左右的低温处理后，适时将植株置于正常的莳养温度下，并尽量使昼夜温差保持在 5℃～8℃。

2）增施、磷钾肥，保证营养：进入秋、冬季，适当增施磷、钾肥，以促进植株成花、抽葶。

3）保证水分适量供应：君子兰抽葶期间要保证盆土的含水量在 30%～50% 之间。

4）药辅并用，促葶催花：可将市场上购买的君子兰促箭剂按说明书涂抹在花葶上或滴于盆土中；也可用人工方法将夹箭处两侧的叶片撑开，但不能损伤叶片，以减少叶片对花葶的夹力，促使花葶尽快伸出长高。

5）重新换土，先干后湿：重新换土需要注意的是：换土后 5 天内不浇水，所换土壤不能是干土，应保持 30% 左右的水分；5 天后浇一次大水，这样一般都能抽葶开花。

3．主要价值

（1）经济价值

君子兰的价值，是指人的需要与君子兰的属性之间的关系，即君子兰能够满足人们美化居室、陶冶情操、净化空气、增进健康等多方面的需要，使你的居室尽现雍容华贵的气派，为丰富和调剂人们的生活增添光彩和魅力。美观大方，又耐阴，宜盆栽室内摆设，为观叶赏花，也是布置会场、装饰宾馆环境的理想盆花。还有净化空气的作用和药用价值，是人们的首选品种。

1）品质鉴定

根据中国君子兰协会制定的君子兰鉴赏评定标准，君子兰品质大体可分为五个档次：珍品、精品、高档、中档、低档。

2）高价纪录

在长春农博会上展出的天价君子兰（2010 年 8 月 20 日摄）。正在举行的长春农博会上，一些君子兰名品标出 188 万、288 万的高价，而一株标价 7777 万元的君子兰堪称魁，格外引人注目。据花主称，这是迄今中国内地标价最高的君子兰花，这株君子兰名叫"希望"，属"油匠短叶"品种，是经过 5 年时间的培养，在几十万株君子兰花中挑选出来的，全国仅此一株。

（2）观赏价值

君子兰，株形端庄优美，叶片苍翠挺拔，花大色艳，果实红亮，叶花果并美，有一季观花、三季观果、四季观叶之称。其花期长达四五十天，而且能够早春开花，是重要的节庆花卉。君子兰是多年生常绿草本植物，叶花果俱佳，赏叶胜观花。

君子兰开花的目的，就是传粉、受精、坐果、结籽成为浆果繁衍后代。果实大约要经过 8 ~ 9 个月的生长时间，才能由小变大，由绿变红，种子才能成熟，故君子兰有三季观果之称。

君子兰的花开在冬季，开在圣诞节、元旦、春节期间，而且花期。从君子兰总体形态上观赏，侧看一条线，正看如开扇。

君子兰家族中的缟艺彩兰，缟艺君子兰在国内国外都是君子兰家庭中的一位骄子，其叶面有明显的绿、黄、白、浅绿、墨绿、灰色等色彩分布，绿、黄、白分明，光亮迷人，有立体感、透明感、清爽感，具有极高的观赏价值。

（3）环保价值

1）君子兰具有吸收二氧化碳和放出氧气的功能

君子兰在生长发育过程中，虽然能从土壤中吸收水分和矿物质养分来合成有机物质（如氨基酸、酰胺等），但对其整个生理活动来说，还是不够的，它必须利用阳光、温度、二氧化碳和水进行光合作用。这对君子兰的生长发育和美化居室，净化室内空气，增进人们的身体健康，有着极其重要的意义。

2）君子兰具有吸收尘埃的作用

君子兰株体，特别是宽大肥厚的叶片，有很多的气孔和绒毛，能分泌出大量的黏液，经过空气流通，能吸收大量的粉尘、灰尘和有害气体，对室内空气起到过滤的作用，减少室内空间的含尘量，使空气洁净。因而君子兰被人们誉为理想的"吸收机"和"除尘器"。

3）美化居室

君子兰的家居搭配放在门前，显示主人君子风格。客人一进门口就看到君子兰，马上就领会到主人所向往的风格，可见，君子兰是最好不过的代言人。

放到饭桌上，美化室内环境。不吃饭的时候，放一盆小小的君子兰在饭桌上，整个餐厅显得优雅，从另外一个角度体现主人向往优雅生活的一面。

（4）药用价值

君子兰可观可赏，全株入药。除美化环境外，还有一定的药用价值。君子兰植株体内含有石蒜碱（Iycorine）和君子兰碱（Clidine），还含有微量元素硒，药物工作者利用含有这些化学成分的君子兰株体进行科学研究，并已用来治疗癌症、肝炎病、肝硬化腹水和脊髓灰质病毒等。通过试验证明，君子兰叶片和根系中提取的石蒜碱，不但有抗病毒作用，而且还有抗癌作用。

通过试验证实石蒜碱的抗癌活性，主要表现为对癌细胞的有氧或无氧酵解有明显的抑制作用。石蒜碱内带有正电荷的季铵盐，可以与带负电荷的肿瘤细胞相结合，而带负电荷的酚离子基，则能进入带正电荷的肿瘤细胞内部，从而起到抗癌作用。

石蒜碱主要用于消化道肿瘤，如胃癌、肝癌、食道癌等的治疗上，对淋巴癌、肺癌也有一定疗效。一九八五年二月十八日《长春君子兰报》刊登消息说：一位肝癌患者，服用了君子兰汤剂，得以起死回生，就是一个很好的例证。石蒜碱除了具有上述作用外，尚有较明显的催吐作用，其催吐效果比依米丁还强。同时，石蒜碱毒性低，可用于各种类型中毒的催吐剂。

4. 生长习性

君子兰原产于非洲南部的热带地区，生长在树的下面，所以它既怕炎热又不耐寒，喜欢半阴而湿润的环境，畏强烈的直射阳光，生长的最佳温度在 18 ~ 28℃之间，10℃以下，30℃以上，生长受抑制。君子兰喜欢通风的环境，喜深厚肥沃疏松的土壤，适宜在疏松肥沃的微酸性有机质土壤内生长。君子兰是著名的温室花卉，适宜室内培养。

根和叶具有一定相关性，长出新根叶时，新叶也会随着发出，根部消除（被积水腐烂或干死等），只要叶片没有萎蔫，在养护时注意保持土壤的湿度，切记浇水不要过涝过干过勤，那么根部就会重新长出新的根系，可以让植株成活（养护得当，10 天左右即可发现有新根的长出）；叶片受到伤害，同样会影响根部。

君子兰正常情况下每年开花一次，开花一般在十二片叶子以上。室内养殖温度合适的话，春节前后即可开花。被誉为富贵之花的君子兰，长大以后，一般一年一次花，一年开两次花的很少，至于开三次花的则属罕见。

图3-1-3　君子兰

（四）石蒜

石蒜（学名：Lycoris radiata（L'Her.）Herb.）：鳞茎近球形，直径1～3厘米。秋季出叶，叶狭带状，长约15厘米，宽约0.5厘米，顶端钝，深绿色，中间有粉绿色带。花茎高约30厘米；总苞片2枚，披针形，长约35厘米，宽约05厘米；伞形花序有花4～7朵，花鲜红色；花被裂片狭倒披针形，长约3厘米，宽约05厘米，强度皱缩和反卷，花被筒绿色，长约05厘米；雄蕊显著伸出于花被外，比花被长1倍左右。花期8～9月，果期10月。

野生于阴湿山坡和溪沟边。分布于中国多地，日本也有。此花有栽培，具有较高的园艺价值。

1. 形态特征

石蒜是多年生草本植物，鳞茎近球形，直径1～3厘米。秋季出叶，叶狭带状，长约15厘米，宽约0.5厘米，顶端钝，深绿色，中间有粉绿色带。花茎高约30厘米；总苞片2枚，披针形，长约35厘米，宽约05厘米；伞形花序有花4～7朵，花鲜红色；花被裂片狭倒披针形，长约3厘米，宽约05厘米，强度皱缩和反卷，花被筒绿色，长约05厘米；雄蕊显著伸出于花被外，比花被长1倍左右。花期8～9月，果期10月。

2. 栽培技术

（1）种植

春秋季均可栽种。一般温暖地区多行秋植，北方寒冷地区常作春植，栽植深度以鳞茎顶部略盖入土表为宜。栽后不宜每年起栽，通常4～5年挖出分栽一次。把主球四周的小鳞茎剥下进行繁殖。将主球的残根修掉，晒两天，待伤口干燥后即可栽种。栽培地要求地势高且排水良好，否则应做成高畦深沟，以防涝害。株行距15cm×20cm，覆土时，球的顶部要露出土面。一般每年施肥2～4次，第1次在落叶后至开花前，可使用有机肥或复合肥。做切花的，在花蕾含苞待放前追施。第2次在10月底11月初开花后生长期前，采花之后继续供水供肥，但要减施氮肥，增施磷、钾肥，使鳞茎健壮充实。秋后应停肥、停水，使其逐步休眠。挖球要选晴天，土干时挖起，除去泥土，略加干燥后贮藏。也可剪去叶片后，带土放温室内休眠，室温保持5℃～10℃，室内保持干燥，空气流通，以防球根腐烂。

（2）温度

石蒜科的许多成员都喜爱温暖的气候，适合平地栽培。金花石蒜和君子兰的生育适温在15℃～25℃之间，较适合在北部栽种，君子兰夏季应避免过于湿热的环境。水仙类性喜冷凉，平地只能在冬春之际种植；垂筒花和袋鼠脚应种在中、高海拔较适合。

（3）日照

石蒜科球根花卉多数喜爱在阳光充足的环境下生长，全日照或半日照的环境下皆很适合，光线不足会造成开花不良。养在水中的中国水仙每日仍须二、三小时以上的日照，否则会徒长倒伏。石蒜喜爱荫凉的环境，应避免夏季时阳光直射，日照在 50% ~ 70% 之间较佳。

（4）土壤

石蒜一般说来球根花卉对于土壤并不挑剔，许多球根花卉的原生地土壤十分干硬，却依然花开灿烂，不过若能提供富含有机质的壤土或砂质壤土，当能使它长得更美丽。除了文殊兰和蜘蛛百合等嗜水的种类，一般栽种的土壤排水性要力求良好，否则球根容易腐烂。肥料球根花卉的生长季长，种植前应埋入充分的有机肥，之后每两个月施用追肥一次，可用自制的腐熟堆肥或三要素肥料，应偏重磷钾肥的比例，以促进球根发育和开花。

（5）水分

石蒜球根花卉膨大的地下茎使它们较能忍受水分的缺乏，不过在排水优良的土地里，供应充足的水分才能使它们充分生长，当表土干燥呈灰白色时，就应该给它们补充水分了。金花石蒜和火球花在叶子逐渐枯萎时，应慢慢减少浇水，一旦进入休眠期，即不可再浇水或施肥。

3. 主要价值

（1）园艺

石蒜是东亚常见的园林观赏植物，冬赏其叶，秋赏其花，是优良宿根草本花卉，园林中常用作背阴处绿化或林下地被花卉，花境丛植或山石间自然式栽植。因其开花时光叶，所以应与其他较耐明的草本植物搭配为好。可作花坛或花径材料，亦是美丽的切花。

（2）医药

鳞茎含有石蒜碱、伪石蒜碱、多花水仙碱、二氢加兰他敏、加兰他敏等十多种生物碱；有解毒、祛痰、利尿、催吐、杀虫等的功效，但有小毒；主治咽喉肿痛、痈肿疮毒、瘰疬、肾炎水肿、毒蛇咬伤等；石蒜碱具一定抗癌活性，并能抗炎、解热、镇静及催吐；加兰他敏和二氢加兰他敏为治疗小儿麻痹症的要药。

鳞茎（石蒜）：辛，温。有小毒。解毒，祛痰，利尿，催吐。用于咽喉肿痛，水肿；小便不利，痈肿疮毒，瘰疬，咳嗽痰喘，食物中毒。

4. 生长习性

野生品种生长于阴森潮湿地，其着生地为红壤，因此耐寒性强，喜阴，能忍受的高温极限为日平均温度 24℃；喜湿润，也耐干旱，习惯于偏酸性土壤，以疏松、肥沃的腐殖质土最好。有夏季休眠习性。石蒜属植物的适应性强，较耐寒。对土壤要求不严，以富有腐殖质的土壤和阴湿而排水良好的环境为好，pH 值在 6 ~ 7 之间。在自然界常野生于缓坡林缘、溪边等比较湿润及排水良好的地方。还能生长于丘陵山区山顶的石缝土层稍深厚的地方。

图3-1-4　石蒜

（五）蜘蛛抱蛋

蜘蛛抱蛋（学名：Aspidistra elatior Blume），别名：箬叶等。多年生长常绿宿根性草本植物，根状茎近圆柱形，直径 5 ~ 10 毫米，具节和鳞片。叶单生，彼此相距 1 ~ 3 厘米，矩圆状披针形、披针形至近椭圆形，长 22 ~ 46 厘米，宽 8 ~ 11 厘米，先端渐尖，基部楔形，边缘多少皱波状。因两面绿色浆果的外形似蜘蛛卵，露出土面的地下根茎似蜘蛛，故名"蜘蛛抱蛋"。蜘蛛抱蛋主要分布于中国南方各省区以及海南岛、台湾岛等。中医以根状茎成分入药。四季可采，晒干或鲜用。活血散瘀，补虚止咳。用于跌打损伤，风湿筋骨痛，腰痛，肺虚咳嗽，咯血等。

1. 形态特征

根状茎近圆柱形，直径 5 ~ 10 毫米，具节和鳞片。叶单生，彼此相距 1 ~ 3 厘米，矩圆状披针形、披针形至近椭圆形，长 22 ~ 46 厘米，宽 8 ~ 11 厘米，先端渐尖，基部楔形，边缘多少皱波状，两面绿色，有时稍具黄白色斑点或条纹；叶柄明显，粗壮，长 5 ~ 35 厘米。

总花梗长 0.5 ~ 2 厘米；苞片 3 ~ 4 枚，其中 2 枚位于花的基部，宽卵形，长 7 ~ 10 毫米，宽约 9 毫米，淡绿色，有时有紫色细点；花被钟状，长 12 ~ 18 毫米，直径 10 ~ 15 毫米，外面带紫色或暗紫色，内面下部淡紫色或深紫色，上部 6 ~ 8 裂；花被筒长 10 ~ 12 毫米．裂片近三角形，向外扩展或外弯，长 6 ~ 8 毫米，宽 3.5 ~ 4 毫米，先端钝，边缘和内侧的上部淡绿色，内面具条特别肥厚的肉质脊状隆起，中间的 2 条细而长，两侧的 2 条粗而短，中部高达 1.5 毫米，紫红色；雄蕊 6 ~ 8 枚，生于花被筒近基部，低于柱头；花丝短，花药椭圆形，长约 2 毫米；雌蕊高约 8 毫米，子房几不膨大；花柱无关节；柱头盾状膨大，圆形，直径 10 ~ 13 毫米，紫红色，上面具 3 ~ 4 深裂，裂缝两边多少向上凸出，中心部分微凸，裂片先端微凹，边缘常向上反卷。

2. 栽培技术

（1）繁殖

蜘蛛抱蛋多采用分株繁殖方法。分株繁殖多在早春结合翻盆换土进行，用利刀把地下茎割开，每部分最少应带有 3 ~ 5 枚叶片，然后栽入小盆中，1 年以后再逐年换入大盆。

（2）栽培

一叶兰属宿根植物，盆栽一般多在春季分株繁殖或直接从野外挖掘移栽，移栽时要带土球。为了便于上盆，移栽前可将较长的地下茎切断，长度为盆口大小的三分之二，每盆中栽植 2 ~ 3 株即可。一叶兰喜疏松肥沃、排水良好的沙壤土，pH 值一般在 4.5 ~ 5.5 之间，因此盆栽用土可用 6 份腐叶土，2 份山灰，2 份河砂配成。

栽培时先将盆底用粗砂或炭木灰垫上 2 至 3 厘米，再加入一些培养土，然后将植株的根系疏散均匀置于盆中，左手提住植株，右手逐渐添入培养土，并轻轻将土摇实。上盆后一次性浇透水，置于荫棚下养护。空气干燥时可向叶面和地面喷洒少量水，成活后逐渐增加光照。在夏天应谨防阳光直射，防止叶面灼伤。施肥多用腐熟的饼肥或土杂肥，一般10 ~ 15 天施一次。北方栽培时，入冬前应移入室内，温度控制在 25℃以下，以防室温过高而使叶面失去光泽。

（3）养护

蜘蛛抱蛋适应性强，生长较快，每隔 1 ~ 2 年应进行一次换盆。多用壤土、腐叶土和河沙等量混合的培养土。换盆时施入少量碎骨片或饼肥末作基肥，栽植后浇透水放于阴凉处培养。生长期间应充分浇水，并经常往叶面上喷水，以保持较高的空气湿度。每月可施 1 ~ 2 次稀薄液肥，以促使萌发新叶和健壮生长。斑叶品种应施以轻肥，如肥分太足，叶面斑点容易消失。夏季应避免阳光直射，但需注意通风，并及时清除黄叶。在新叶萌发至新叶正在生长阶段，不能放在室内阴暗处，否则新叶长得细长瘦弱，影响观赏。北方地区冬季应移入室内，减少浇水并停止施肥，若此时盆土过湿易引起烂根。

3. 主要价值

（1）药用

【性味归经】甘，温。

【功能主治】活血通络，泄热利屎。治跌打损伤，腰痛，经闭腹痛，头痛，牙痛，热咳伤暑，泄泻，砂淋。

①《植物名实图考》："治热症，腰痛，咳嗽。"

②《贵州民间药物》："止痛，接骨，补虚弱。"

③《湖南药物志》："行气活血，止血退热，强筋骨。治泄泻，经闭腹痛，跌打损伤，筋骨痛。"

【用法用量】内服：煎汤，9 ~ 15g，鲜品 30 ~ 60g。或作酒剂；外用：适量，捣敷。

【附方】

①治跌打损伤；九龙盘煎水服，可止痛；捣烂后包伤处，能接骨。(《贵州民间药物》)

②治多年腰痛：九龙盘一两五钱，杜仲一两，白浪稿泡五钱。煎水兑酒服。(《贵州民间药物》)

③治筋骨痛：蜘蛛抱蛋三至五钱。水煎服。(《湖南药物志》)

④治经闭腹痛：蜘蛛抱蛋三至五钱。水煎服。(《湖南药物志》)

⑤治风火头痛，牙痛：鲜蜘蛛抱蛋全草一至二两。煎服。

⑥治肺热咳嗽：鲜蜘蛛抱蛋一两，水煎，调冰糖服。

⑦治伤暑发热身痛，昏睡，喜呕，腹痛（俗名斑痧）：鲜蜘蛛抱蛋一两。水煎服。(⑤方以下出《福建中草药》)

⑧治疟疾：九龙盘研末，大人一钱，小儿五分，于发疟前三小时用开水吞服。(《贵州民间药物》)

⑨治砂淋：蜘蛛抱蛋、大通草、木通，煎水服。(《湖南药物志》)

【化学成分】地下部分含几种甾体皂苷，其中蜘蛛抱蛋贰，糖苷配基为薯蓣皂苷元，糖有 4 分子，即 2 分子葡萄糖，1 分子半乳糖及 1 分子木糖。

（2）观赏

蜘蛛抱蛋叶形挺拔整齐，叶色浓绿光亮，姿态优美、淡雅，同时它长势强健，适应性强，极耐阴，是室内绿化装饰的优良喜阴观叶植物。它适于家庭及办公室布置摆放。可单独观赏；也可以和其他观花植物配合布置，以衬托出其他花卉的鲜艳和美丽。此外，它还是现代插花的配叶材料。

4. 生长习性

性喜温暖、湿润的半阴环境。耐阴性极强，比较耐寒，不耐盐碱，不耐瘠薄、干旱，怕烈日暴晒。适宜生长在疏松、肥沃和排水良好的沙壤土上。

温度与光照生长适宜温度白天 20～22℃，夜间 10～13℃。能够生长的温度范围很宽，为 7～30℃，盆栽植株在 0℃的低温和较弱光线下，叶片仍然翠绿。夏季高温、通风较差的环境。容易感病，夏季应遮阴，或放在大树下疏荫处，遮阴 60%～70%，避免烈日暴晒，否则易造成叶片灼伤。

图3-1-5　蜘蛛抱蛋

第四章　灌木地被植物

（一）八角金盘

八角金盘，学名：Fatsia japonica（Thunb.）Decne.et Planch，乃指其掌状的叶片，裂叶约8片，看似有8个角而名。它叶丛四季油光青翠，叶片像一只只绿色的手掌。其性耐荫，在园林中常种植于假山边上或大树旁边，还能作为观叶植物用于室内，厅堂及会场陈设。

1. 形态特征

常绿灌木或小乔木，高可达5m。茎光滑无刺。叶柄长10~30cm；叶片大，革质，近圆形，直径12~30cm，掌状7~9深裂，裂片长椭圆状卵形，先端短渐尖，基部心形，边缘有疏离粗锯齿，上表面暗亮绿以，下面色较浅，有粒状突起，边缘有时呈金黄色；侧脉搏在两面隆起，网脉在下面稍显著。

圆锥花序顶生，长20~40cm；伞形花序直径3~5cm，花序轴被褐色绒毛；花萼近全缘，无毛；花瓣5，卵状三角形，长2.5~3mm，黄白色，无毛；雄蕊5，花丝与花瓣等长；子房下位，5室，每室有1胚球；花柱5，分离；花盘凸起半圆形。

果产近球形，直径5mm，熟时黑色。花期10~11月，果熟期翌年4月。

2. 栽培技术

（1）繁殖方法

用扦插、播种和分株繁殖。

1）扦插繁殖

通常多采用扦插繁殖，春播于第一年3~4月，秋插在8月，选二年生硬枝，剪成15cm长的插穗，斜插入沙床2/3，保湿，并用塑料拱棚封闭，遮阴。夏季5~7月用嫩枝扦插，保持温度及遮阴，并适当通风，生根后拆去拱棚，保留荫棚。播种，4月采种，堆放后熟，洗净种子，阴干即可播种或拌沙层积，放地窖内贮藏，翌春播各。播后盖草保湿，1个月左右发芽出土，去草后喷水保湿，秋后防寒，留床1年便可移栽。分株，春季发芽前，挖取成苗根部萌蘖苗，带土移栽。

2）播种繁殖

播种繁殖在4月下旬采收种子，采后堆放后熟，水洗净种，随采随播，种子平均发芽率为26.3%，发芽率较低，由此，随采随播不是八角金盘理想的播种方式。因为八角金盘果实为浆果，种子含水量较高，而且有一层黏液附着在刚洗干净的种子表面，妨碍氧气进入种子内部，造成种子缺氧，而且容易使种子发生霉变，导致种子发芽率下降；而经过阴干的种子恰好克服了这些缺点，种子阴干 5、15、25d 后种子平均发芽率分别为 60.0%、75.3%、51.0%，种子发芽率较随采随播分别提高了 33.7%、49% 和 24.7%，如不能当年播种，自然干藏的种子发芽率为 18.5%，冰箱干藏的种子发芽率为 48.7%，冰箱干藏的种子发芽率较自然干藏的种子发芽率提高了 30.2%；说明八角金盘的种子经过冰箱干藏后能够相对地延长其寿命，而且对于提高种子发芽率也有一定的促进作用。播前应先搭好荫棚，播后 1 个月左右发芽出土，及时揭草，保持床土湿润，入冬幼苗需防旱，留床一年或分栽，培育地选择有庇荫而湿润之处的旷地栽培，需搭荫棚；在 3 ~ 4 月带泥球移植。

3）分株

结合春季换盆进行，将长满盆的植株从盆内倒出，修剪生长不良的根系，然后把原植株丛切分成数丛或数株，栽植到大小合适的盆中，放置于通风阴凉处养护，2 ~ 3 周即可转入正常管理。分株繁殖要随分随种，以提高成活率。

（2）田间管理

幼苗移栽在 3 ~ 4 月进行，栽后搭设荫棚，并保湿，每年追施肥 4 ~ 5 次。地栽设暖棚越冬。

1）施肥浇水

4 ~ 10 月为八角金盘的旺盛生长期，可每 2 周左右施 1 次薄液肥，10 月以后停止施肥。在夏秋高温季节，要勤浇水，并注意向叶面和周围空间喷水，以提高空气湿度。10 月份以后控制浇水。

2）光照温度

八角金盘性喜冷凉环境，生长适温约在 10 ~ 25℃，属于半阴性植物，忌强日照。温室栽培，冬季要多照阳光，春夏秋三季应遮光 60% 以上，如夏季短时间阳光直射，也可能发生日烧病。长期光照不足，则叶片会变细小。4 月份出室后，要放在荫棚或树荫下养护。八角金盘在白天 18 ~ 20℃，夜间 10 ~ 12℃的室内生长良好。长时间的高温，叶片变薄而大，易下垂。越冬温度应保持在 7℃以上。

3）翻土换盆

每 1 ~ 2 年翻土换盆 1 次，一般在 3 ~ 4 月进行。翻土换盆时，盆底要放入基肥。盆土可用腐殖土或泥炭土 2 份，加河沙或珍珠岩 1 份配成，也可用细沙栽培。

（3）病虫防治

主要病害有烟煤病、叶斑病和黄化病，在养护时要加强水肥管理和通风透光，特别是冬季，一定要注意开窗通风。如有病害发生，烟煤病要及时用干净的棉布将煤污擦去，并喷施百菌清等杀菌药进行防治；叶斑病多发于夏季，如有发生可用甲基托布津或多菌灵等药剂进行防治；黄化病可用硫酸亚铁水进行叶面喷施来防治。主要的虫害有蚜虫、介壳虫和红蜘蛛，如有发生可用速介杀防治介壳虫，用铲蚜防治蚜虫，用三氯杀螨醇防治红蜘蛛。

3．主要价值

（1）药用价值

【功能主治】化痰止咳、散风除湿、化瘀止痛。主咳嗽痰多，风湿痹痛，痛风，跌打损伤。

【用法用量】内服：煎汤，1～3g。外用：适量，捣敷或煎汤熏洗。

（2）观赏价值

八角金盘是优良的观叶植物。八角金盘四季常青，叶片硕大。叶形优美，浓绿光亮，是深受欢迎的室内观叶植物。适应室内弱光环境，为宾馆、饭店、写字楼和家庭美化常用的植物材料。或作室内花坛的衬底。叶片又是插花的良好配材。适宜配植于庭院、门旁、窗边、墙隅及建筑物背阴处，也可点缀于溪流滴水之旁，还可成片群植于草坪边缘及林地。另外还可小盆栽供室内观赏。对二氧化硫抗性较强，适于厂矿区、街坊种植。

（3）生态价值

1）吸收有害气体

能够吸收空气中的二氧化碳等有害气体，净化空气。在现代人居住的房子里，很多人经常门窗紧闭，很少让家里的空气与外界的空气通通风，将家里面人体呼出的有害气体等排到屋外。而当这些有害气体在室内积累到一定量时，室内的空气也会越来越浑浊。而且现今城市空气质量越来越差，如果在家中种植八角金盘，就能够吸走部分人体呼出的二氧化碳等有害气体，净化空气，使主人生活更加舒适。

2）绿化室内环境

八角金盘四季常青，是一种很好的室内装饰植物，观赏价值极高，开出的花也十分雅致。在室内栽培一株八角金盘，绿化一下室内的环境，是十分不错的选择。在养殖方面也无须花费主人很多心力，将它养在庭院、门旁、窗边、墙隅及建筑物的背阴处既可，主人还能随时欣赏它绿意盎然的样子呢。

4．生长习性

喜温暖湿润的气候，耐阴，不耐干旱，有一定耐寒力。宜种植有排水良好和湿润的砂质壤土中。

图4-1-1　八角金盘

（二）法国冬青

珊瑚树（Viburnum odoratissinum）又名早禾树（广州、惠阳），枝干挺直，树皮灰褐色，具有圆形皮孔，叶对生，长椭圆形或倒披针形，表面暗绿色光亮，背面淡绿色，终年苍翠。圆锥状伞房花序顶生，3～4月间开白色钟状小花，芳香；花退却后显出椭圆形的果实，初为橙红，之后红色渐变紫黑色，形似珊瑚，观赏性很高，故而得名。

原产于中国，在印度、缅甸、泰国和越南分布。喜欢温暖湿润和阳光充足环境，较耐寒，稍耐阴，在肥沃的中性土壤中生长最好。珊瑚树耐火力较强，可作森林防火屏障木材细软、可做锄柄等。

1. 形态特征

珊瑚树（原变种），为常绿灌木或小乔木，高达10～15米；枝灰色或灰褐色，有凸起的小瘤状皮孔，无毛或有时稍被褐色簇状毛。冬芽有1～2对卵状披针形的鳞片，叶革质，椭圆形至矩圆形或矩圆状倒卵形至倒卵形，有时近圆形，长7～20厘米，顶端短尖至渐尖而钝头，有时钝形至近圆形，基部宽楔形，稀圆形，边缘上部有不规则浅波状锯齿或近全缘，上面深绿色有光泽，两面无毛或脉上散生簇状微毛，下面有时散生暗红色微腺点，脉腋常有集聚簇状毛和趾蹼状小孔，侧脉5～6对，弧形，近缘前互相网结，连同中脉下面凸起而显著；叶柄长1～2（～3）厘米，无毛或被簇状微毛。圆锥花序顶生或生于侧生短枝上，宽尖塔形，长（3.5～）6～13.5厘米，宽（3～）4.5～6厘米，无毛或散生簇状毛，总花梗长可达10厘米，扁，有淡黄色小瘤状突起；苞片长不足1厘米，宽不及2毫米；花芳香，通常生于序轴的第二至第三级分枝上，无梗或有短梗；萼筒筒状钟形，长2～2.5毫米，无毛，萼檐碟状，齿宽三角形；花冠白色，后变黄白色，有时微红，辐状，直径约7毫米，筒长约2毫米，裂片反折，圆卵形，顶端圆，长2～3毫米；雄蕊略超出花冠裂片，花药黄色，矩圆形，长近2毫米；柱头头状，不高出萼齿。果实先红色后变黑色，卵圆形或卵状椭圆形，长约8毫米，直径5～6毫米；核卵状椭圆形，浑圆，长约7毫米，直径约4毫米，有1条深腹沟。花期4～5月（有时不定期开花），果熟期7～9月。

2. 栽培技术

（1）栽前准备

1）圃地选择

苗圃地应选背风向阳、交通便捷、排灌方便的地段，沟路渠电配套设施齐全。地势平坦、土层深厚、肥沃、排水良好、光照充足微酸至微碱性（pH6.5～7.5）的沙壤或壤土，地下水位要在1.5m以下的地方。

2）土壤耕作处理

a. 整地

圃地在育苗前要做到细致整地，深耕细整，清除杂草、树根，改良土壤、提高肥力、保持土壤水分，为苗木生长创造环境。冬闲地要三耕三耙，深度达 25 ~ 30cm，春耕地要两耕两耙，耕翻深度 20cm 为宜。

b. 土壤改良与处理

①土壤改良：瘠薄土壤要逐年增施有机肥，偏酸性土壤适当施石灰、草木灰、骨粉，偏碱性土壤要增施酸性肥料，偏黏性土壤要掺沙壤土，偏砂土壤要增加火烧土。

②土壤处理：育苗前土壤要进行消毒和灭虫处理，杀菌可用硫酸亚铁 300 ~ 450kg/hm²，于插前 20d 施入或用代森锌 22.5 ~ 30kg/hm²，混拌适量细土，制成毒土，撒于土壤中；灭虫可用 50% 辛硫磷乳油 20kg/hm²，混拌细土，制成毒土，撒于土壤中。

c. 施足基肥

作床前施腐熟有机肥 15000 ~ 30000kg/hm²，或施腐熟饼肥 1500 ~ 2250kg/hm²，磷肥或复合肥 375 ~ 750kg/hm²，结合耕翻施入耕作层。

d. 作床

苗床规格据管理要求和园地情况而定，一般苗床宽 100 ~ 120cm，床高 20 ~ 30cm，走道宽 45 ~ 50cm，苗床长视情况而定，一般 10 ~ 20m。作床以东西向为好，床面平整，中央高于两侧，以免局部积水。

e. 除草

床做好后在土壤表面（床及走道）喷禾耐斯 1125 ~ 1350mg/hm²，杀灭杂草种子。喷洒前后土壤宜保持湿润，以确保药效。施药后如下雨，注意排水以免发生药害。

（2）栽培方法

珊瑚树的繁殖主要靠扦插或播种繁殖。

1）扦插

全年均可进行，以春、秋两季为好，生根快、成活率高。主要方法是选健壮、挺拔的茎节，在珊瑚树 5 ~ 6 月剪取成熟、长 15 ~ 20cm 的枝条，插于苗床或沙床，插后 20 ~ 30d 生根；秋季移栽入苗圃。

随插随将苗床喷透水。扦插后第 1 周每天喷水 5 ~ 6 次，每次喷水 10min，第 2 周每天喷水 3 ~ 4 次，第 3、4 周后根据天气情况适当增减每天喷水次数，使床内空气湿度保持在 90% 以上，基质温度保持在 20 ~ 25℃，气温保持在 25 ~ 30℃，扦插初期用 0.1% 的退菌特液喷雾 2 次，以防烂根烂叶，覆盖遮光率为 50% 的遮阳网，以减少日照直射，避免床面温度过高。

2）播种

8 月采种，秋播或冬季沙藏翌年春播，播后 30 ~ 40d 即可发芽生长成幼苗。

3）移植

在每年 3 ~ 4 月，将挖起的小苗带宿土移植，大苗需带土球移植，必须随起苗随移植，移植后必须浇足、浇透水。如遇干旱年份，必须经常浇水，以确保成活，成活后可追肥 1 ~ 2 次，促进苗木生长。此外，还应抓好每年的整形修剪，可根据绿墙、绿篱、绿门、绿廊等要求进行整形修剪。盆栽珊瑚，可将育成的幼苗移栽人盆缸之内，然后进行浇水、追肥、修剪、整形等日常管理工作。

（3）管理养护

1）灌溉

珊瑚树生长旺盛，吸水量大，宜选肥沃、湿润的土壤栽培，初栽后浇足定根水，以后根据土壤或天气状况适当浇水或灌溉。灌溉应据当地气候、当地条件、墒情及苗木生长情况灵活掌握，可采用浇、喷、灌沟水等办法，宜早、晚进行。苗木生长前期 4 ~ 5 月要少量多次，速生期 6 ~ 8 月一次性浇透，苗木生长后期要控制灌溉，除特殊干旱外，一般不灌。

2）除草松土

除草要掌握除早、除小、除了和不损伤苗木的原则，保持苗圃地元杂草，人工除草在下雨或浇灌晾干后进行。积极推广化学除草，走道可用农达或草甘膦，但要防止喷洒到苗木。禾本科杂草早期草嫩，可使用盖草能或精禾草克，初次使用除草剂，应先试验再使用，以免发生药害。结合除草进行松土，每年 4 ~ 6 次，松土由浅到深，苗根附株间浅些，行间深些。

3）施肥

梅雨季节可深施复合肥约 750kg/hm²、尿素约 300kg/hm²。以后每年 5 ~ 8 月可施入尿素数次，水肥供应充足，生长旺盛。

4）整形修剪

珊瑚树萌蘖性强，能自然形成圆桶形树冠，且下枝不易枯死，一般可不修剪。如作绿篱，则在春季发芽前和生长季节进行修剪 2 ~ 3 次。

（4）病虫防治

1）病害

珊瑚树根腐病、黑腐病可用 10% 抗菌剂 401 醋酸溶液 1000 倍液喷洒或灌浇防治，茎腐病、叶斑病和角斑病可用 75% 百菌清可湿性粉剂 600 倍液喷洒防治。

2）虫害

珊瑚树主要虫害危害较为严重的虫害主要有蚧类和刺蛾类，如履蚧、吹绵蚧、康氏粉蚧、扁刺蛾等。

1）人工防治

冬季或早春结合修剪，剪去有虫枝烧毁，以减少越冬虫口基数。对个别枝条或叶片上的蚧虫，可用软刷轻轻刷除，或用毛笔等物蘸煤油涂杀。刺蛾类可利用成虫的趋光性，设置黑光灯诱杀成虫。

2）药物防治

蚧类在初龄虫孵化期（每年 2 ~ 4 月），可用触杀剂喷杀，如 2.5% 溴氰菊酯（敌杀死）3000 ~ 5000 倍液、80% 敌敌畏乳油、50% 杀螟松乳油 3000 倍液等，隔 7 ~ 8d 再喷洒 1 次，可达到很好的防治效果；在虫固定寄生泌蜡危害期（每年 2 ~ 4 月），要选用内吸剂刮皮涂干或根施、浇灌的方法防治，常用药剂为 50% 锌硫磷乳油 5 ~ 10 倍。刺蛾幼虫抗药力弱，可用 90% 敌百虫、80% 敌敌畏乳油、50% 锌硫磷乳油 1500 ~ 2000 倍液喷洒；也可用甲菊酯类农药 5000 倍液喷洒。红蜘蛛可用 20% 三氯杀螨砜可湿性粉剂 1000 倍液喷洒防治，蚜虫、叶蝉、介壳虫可用 5% 杀螟松乳油 1000 倍液喷洒防治。

3．主要价值

（1）药用价值

根、树皮、叶（沙糖木）：辛，凉。有清热祛湿，通经活络，拔毒生肌之功用。用于感冒，跌打损伤，骨折。

（2）化学成分

珊瑚树中主要含有二萜、三萜、黄酮、倍半萜、木脂素及香豆素苷等类化合物。

（3）园林绿化

珊瑚树枝繁叶茂，遮蔽效果好，又耐修剪，因此在绿化中被广泛应用，红果形如珊瑚绚丽可爱。

（4）珊瑚树果实

瑚树在规则式庭园中常整修为绿墙、绿门、绿廊，在自然式园林中多孤植、丛植装饰墙角，用于隐蔽遮挡。沿园界墙中遍植珊瑚树，以其自然生态体形代替装饰砖石、土等构筑起来的呆滞背景，可产生"园墙隐约于萝间"的效果，不但在观赏上显得自然活泼，而且扩大了园林的空间感。此外，因珊瑚树有较强的抗毒气功能，可用来吸收大气中的有毒气体。

（5）道路绿化

道路绿化树种选择的一般标准为：适应性强，寿命长，病虫害少，对烟尘、风害抗性较强，萌生性强，耐修剪整形，可控制其生长；树身清洁，无棘刺，无污染等。珊瑚树良好的生物学及观赏特性，符合道路绿化的要求。特别是具有抗烟雾、防风固尘、减少噪声的作用，能改善周围的生态环境和人居环境。在景园游步小道可做成绿篱组织人流。珊瑚树的叶面积指数较矮化紫薇等高出 10 倍以上，叶色葱绿逗人，造型稳定可塑，遮光挡阳严密，能净化灰尘尾气，常用作城市交通道路或高速公路隔离带绿化。在用于道路绿化时也常被修剪成各种造型，形成一道道美丽的风景。

（6）公共绿地

珊瑚树在公共绿地中应用广泛。作为障景，如珊瑚树与石楠结合在一起修剪成高篱，可布置于公园或景区的垃圾堆或厕所前面"障丑显美"；布置在景园办公区、职工活动区与游人活动的景区中间，避免游人进入或打扰，形成屏障；与其他乔、灌、地被植物合植来界定庭院的边界，使之与商业街、停车场、城市道路及高速公路等分开，提升庭院的舒适度和温馨感，如澳大利亚堪培拉市的建筑庭院使用珊瑚树、桉树、合欢树等形成植物墙屏障，异常美观；可作为某些建筑小品、雕塑景观的背景；或者是修剪成各种造型的矮篱，用以限制人的行为或组织人流；也可作建筑基础栽植或丛植装饰墙角。

（7）工矿企业绿化

珊瑚树不仅有较强的吸收多种有害气体的能力，而且对烟尘、粉尘的吸附作用也很明显，据测定，珊瑚树每年的滞尘量为 4.16t/hm²，远大于大叶黄杨、夹竹桃等常绿植物。此外，由于珊瑚树叶质肥厚多水，含树脂较少，不易燃烧，可以作为工矿企业厂房之间的防火隔离带，是目前工矿企业绿化的理想树种。

4．生长习性

珊瑚树喜温暖、稍耐寒，喜光稍耐阴。在潮湿、肥沃的中性土壤中生长迅速旺盛，也能适应酸性或微碱性土壤。根系发达、萌芽性强，耐修剪，对有毒气体抗性强。

图4-1-2　法国冬青

（三）黄杨

黄杨（学名：Buxus sinica（Rehder&E.H.Wilson）M.Cheng）：灌木或小乔木，高 1～6 米；枝圆柱形，有纵棱，灰白色；小枝四棱形，全面被短柔毛或外方相对两侧面无毛。叶革质，阔椭圆形、阔倒卵形、卵状椭圆形或长圆形，叶面光亮，中脉凸出，下半段常有微细毛。花序腋生，头状，花密集，雄花约 10 朵，无花梗，外萼片卵状椭圆形，内萼片近圆形，长 2.5～3 毫米，无毛，雄蕊连花药长 4 毫米，不育雌蕊有棒状柄，末端膨大；雌花萼片长 3 毫米，子房较花柱稍长，无毛。蒴果近球形。花期 3 月，果期 5～6 月。

多生山谷、溪边、林下，海拔 1200～2600 米。产中国多省区，有部分属于栽培。

1．形态特征

黄杨是灌木或小乔木，高 1～6 米；枝圆柱形，有纵棱，灰白色；小枝四棱形，全面被短柔毛或外方相对两侧面无毛，节间长 0.5～2 厘米。叶革质，阔椭圆形、阔倒卵形、卵状椭圆形或长圆形，大多数长 1.5～3.5 厘米，宽 0.8～2 厘米，先端圆或钝，常有小凹口，不尖锐，基部圆或急尖或楔形，叶面光亮，中脉凸出，下半段常有微细毛，侧脉明显，叶背中脉平坦或稍凸出，中脉上常密被白色短线状钟乳体，全无侧脉，叶柄长 1～2 毫米，上面被毛。

花序腋生，头状，花密集，花序轴长 3～4 毫米，被毛，苞片阔卵形。长 2～2.5 毫米，背部多少有毛；雄花：约 10 朵，无花梗，外萼片卵状椭圆形，内萼片近圆形，长 2.5～3 毫米，无毛，雄蕊连花药长 4 毫米，不育雌蕊有棒状柄，末端膨大，高 2 毫米左右（高度约为萼片长度的 2/3 或和萼片几等长）；雌花：萼片长 3 毫米，子房较花柱稍长，无毛，花柱粗扁，柱头倒心形，下延达花柱中部。

蒴果近球形，长 6～8（～10）毫米，宿存花柱长 2～3 毫米。花期 3 月，果期 5～6 月。

2. 栽培技术

（1）行距

黄杨树对土壤要求不严格，沙土、壤土、褐土地都能种植，但最好是含有机质丰富的壤土地。整地时要求地形平整。结合深翻，加施有机肥，每亩 2000 公斤左右。施基肥时应注意有机肥一定要充分腐熟，深施在栽植穴内。栽植时间在北京地区的气候条件下，栽植幼苗以春季为主，一般在 4 月上旬"清明"前两三天为宜。黄杨树露地栽植一般株行距 0.5×1.5 或 0.4×1.2 米，每亩栽植约 1000～1500 株。随着树龄的增长，以后可以隔株起苗。黄杨营养钵苗可以穴植或沟植。

栽苗前根据计划的行株距打线定点，按点挖穴或是按栽植的行距开沟，开沟深度应大于苗根深度，约为 40 厘米深。栽植前应深施基肥，将充分腐熟的有机肥与土拌匀，施入穴底。栽植时将苗木去掉营养钵，按株距排列沟中，使根系接触土壤，填土踩实。覆土后踩实时，不可将土球踩碎，应踩在土球与树穴空隙处。覆土深度以比原有土印略深，以免灌水后土壤下沉而露出根系，影响成活。

（2）浇水

浇水是保证栽苗成活的主要措施，特别是北方春季干旱少雨，蒸发量大，如果供水不足，会严重影响苗木成活率。栽苗后可每隔 4～6 行在行间用土培起垄，以利灌水。要求栽苗后 24 小时内灌第一次水，隔 3～5 天灌第二次水，再隔 5～7 天灌第三次水，灌完三水之后，可根据天气和苗木情况再决定是否灌水。水量不可过大或过小，水量过大，土壤变软，苗木容易倒伏；水量过小，影响成活。栽植苗经灌水或较多的降雨后，苗木易倒伏、倾斜或露根，如发生此类现象，应立即扶直、培土、踩实，否则由于苗木正在发芽生长，几天之内苗干就会变弯。扶苗时，可先将苗根附近的土挖开，将苗木扶正，找直行间和株间方向，然后还土踏实。栽苗后经连续三次灌溉，苗床土下陷且出现坑洼时，应及时进行平整、填土。也可结合中耕将地面耧平，以使苗木受水量一致，防止旱涝不均。黄杨树比较喜水，在浇水上应掌握"宁湿勿干"的原则。在幼苗时期，根系较浅，对水分敏感，一般以保持表层土壤湿润为度，应少量多次地灌溉。在苗木速生时期，生长迅速，需水量大，应大水灌溉，使之有湿有干，浇足灌透。但在生长后期，为防止苗木徒长，促进木质化，则应停止灌溉。一般在夏末就应开始控制浇水。灌溉时间，每次浇水的时间，最好在早晨和傍晚，不要在气温最高的中午进行。

（3）除草

中耕除草是苗期管理的一项经常性工作。中耕和除草是两个概念，但可以结合进行。一般中耕除草最好在雨后或灌溉后进行，在土壤湿润时将草连根拔掉，松土效果也好。苗木新栽不久，大部分土面暴露于空气当中，不仅土壤极易干燥，而且易生杂草，此期间应及时进行中耕除草，以利于促使苗木根系发育。一般苗根附近应稍浅耕，株行间可适当加深，通常 3 ~ 5 厘米。雨季中耕，促进气体交换和气态水的蒸发，可以防止苗木沥涝。北方地区一般春季干旱，秋季杂草已停止生长，这两个时期应以中耕为主，夏季则以除草为主。杂草的速生期是在雨季前后，这一时期要加强除草，除草要坚持除早、除小、除了的原则。对多年生杂草必须将其地下部全部挖出，否则将越来越难清除。

（4）追肥

可及时补充苗木在生长发育旺盛时期对养分的大量需要，促进苗木的生长发育，提高质量。黄杨在幼苗期需要的磷比较多，而生长旺季需要氮比较多，到秋季停止生长时期则需较多的钾。在苗木栽植后，可叶面喷施 0.4% 的磷酸二氢钾溶液，宜在阴天或早、晚空气湿润时进行。一般每月叶面喷施 3 ~ 4 次磷酸二氢钾即可。新移植的黄杨苗木，应抓紧在前期施肥，但要注意肥料浓度不能太大，以免灼伤新根。在苗木速生期，应加大施肥量和增加施肥次数，每月不少于一次，追施氮肥可用尿素，分干施和湿施两种方法。干施可撒施和沟施，撒施是将化肥均匀撒施到苗间土上，施后浅锄 1 ~ 2 次加以覆土；沟施是在苗木行间开沟，一般距苗根 15 ~ 20cm 处，把化肥施入沟内，然后覆土。沟施时要注意开沟深度应在根系的分布层，以利苗木对肥料的吸收。湿施是将肥料溶解在水中，全面浇洒在苗床上或行间，最好在施后再灌水一次，避免灼害。施用氮肥应在春夏进行，最后一次施氮肥不能迟过"立秋"。以防苗木徒长，降低黄杨幼苗的越冬能力。8 ~ 9月份一定要停施氮肥，施肥以磷、钾肥为主。促进黄杨苗木的木质化和根系生长，提高苗木抗寒能力。

（5）整形

生长期随时剪去徒长枝、重叠枝及影响树形的多余枝条。黄杨萌发较快，一般在发新梢后，将先端 1 ~ 2 节剪去，可防止徒长。黄杨结果后，要及时摘去，以免消耗养分，影响树势生长。

（5）翻盆

一般 2 ~ 3 年进行一次，时间以春季萌发前为好。结合翻盆剪去部分老根及过长过密根系，换去1/2旧土，塞以肥沃疏松的培养土，以利根系发育。

（6）病虫害防治：黄杨主要虫害有介壳虫和黄杨尺蠖，介壳虫可用人工刷洗杀之，或用80% 敌敌畏 1500 倍液喷杀；黄杨尺嫂用80% 敌百虫可狙性粉剂喷杀，或用40% 氧化乐果 1000 ~ 2000 倍喷杀。主要病有煤污病，会引起落叶现象，防治关键是清除介壳虫，并经常喷叶面水，冲洗灰尘，使之生长良好。

3. 主要价值

（1）园林绿化

大叶黄杨也叫冬青，是一种常绿的植物，叶子外观十分漂亮，并且可以修剪成不同的形状，经常被种植在园林、花坛中，起着绿化的作用。

（2）经济价值

大叶黄杨的枝干是一种上好的木材，细腻不易断裂，色泽洁白并且很坚硬，是做筷子、棋子和木雕的上好材料，可以说是大叶黄杨给人们带来了巨大的经济效益。

（3）药用价值

大叶黄杨在中医学中具有很好的除湿活血，消肿止痛的作用。所以在生活中，女性多以大叶黄杨治疗月经不调或者是经期小腹疼痛的症状，老年人多用其治疗风湿或者是关节疼痛等症状。

4. 生长习性

黄杨喜肥饶松散的壤土，微酸性土或微碱性土均能适应，在石灰质泥土中亦能生长。盆栽可用熟化的田园土或腐叶土掺拌适量的砻糠灰。耐阴喜光，在一般室内外条件下均可保持生长良好。长期荫蔽环境中，叶片虽可保持翠绿，但易导致枝条徒长或变弱。喜湿润，可耐连续一月左右的阴雨天气，但忌长时间积水。耐旱，只要地表土壤或盆土不至完全干透，无异常表现。耐热耐寒，可经受夏日暴晒和耐零下 20 摄氏度左右的严寒，但夏季高温潮湿时应多通风透光。对土壤要求不严，以轻松肥沃的沙质壤土为佳，盆栽亦可以蛭石、泥炭或土壤配合使用，耐碱性较强。分蘖性极强，耐修剪，易成型。秋季光照充分并进入休眠状态后，叶片可转为红色。

图4-1-3　黄杨

（四）红花继木

红花檵木（拉丁学名：Loropetalum chinense var.rubrum），又名：红继木、红桎木、红桎木、红檵花、红桎花、红桎花、红花继木，为金缕梅科、檵木属檵木的变种，常绿灌木或小乔木。树皮暗灰或浅灰褐色，多分枝。嫩枝红褐色，密被星状毛。叶革质互生，卵圆形或椭圆形，长 2 ~ 5cm，先端短尖，基部圆而偏斜，不对称，两面均有星状毛，全缘，暗红色。花瓣 4 枚，紫红色线形长 1 ~ 2cm，花 3 ~ 8 朵簇生于小枝端。蒴果褐色，近卵形。花期 4 ~ 5 月，花期长，约 30 ~ 40 天，国庆节能再次开花。花 3 ~ 8 朵簇生在总梗上呈顶生头状花序，紫红色。果期 8 月。

主要分布于长江中下游及以南地区、印度北部。花、根、叶可药用。

1. 形态特征

灌木，有时为小乔木，多分枝，小枝有星毛。叶革质，卵形，长 2 ~ 5 厘米，宽 1.5 ~ 2.5 厘米，先端尖锐，基部钝，不等侧，上面略有粗毛或秃净，干后暗绿色，无光泽，下面被星毛，稍带灰白色，侧脉约 5 对，在上面明显，在下面突起，全缘；叶柄长 2 ~ 5 毫米，有星毛；托叶膜质，三角状披针形，长 3 ~ 4 毫米，宽 1.5 ~ 2 毫米，早落。花 3 ~ 8 朵簇生，有短花梗，白色，比新叶先开放，或与嫩叶同时开放，花序柄长约 1 厘米，被毛；苞片线形，长 3 毫米；萼筒杯状，被星毛，萼齿卵形，长约 2 毫米，花后脱落；花瓣 4 片，带状，长 1 ~ 2 厘米，先端圆或钝；雄蕊 4 个，花丝极短，药隔突出成角状；退化雄蕊 4 个，鳞片状，与雄蕊互生；子房完全下位，被星毛；花柱极短，长约 1 毫米；胚珠 1 个，垂生于心皮内上角。蒴果卵圆形，长 7 ~ 8 毫米，宽 6 ~ 7 毫米，先端圆，被褐色星状绒毛，萼筒长为蒴果的 2/3。种子圆卵形，长 4 ~ 5 毫米，黑色，发亮。花期 3 ~ 4 月。

2. 栽培技术

（1）管理

红檵木移栽前，施肥要选腐熟有机肥为主的基肥，结合撒施或穴施复合肥，注意充分拌匀，以免伤根。生长季节用中性叶面肥 800 ~ 1000 倍稀释液进行叶面追肥，每月喷 2 ~ 3 次，以促进新梢生长。南方梅雨季节，应注意保持排水良好，高温干旱季节，应保证早、晚各浇水 1 次，中午结合喷水降温；北方地区因土壤、空气干燥，必须及时浇水，保持土壤湿润，秋冬及早春注意喷水，保持叶面清洁、湿润。

1）修剪：红檵木具有萌发力强、耐修剪的特点，在早春、初秋等生长季节进行轻、中度修剪，配合正常水肥管理，约 1 个月后即可开花，且花期集中，这一方法可以促发新枝、新叶，使树姿更美观，延长叶片红色期，并可促控花期，尤其适用于红檵木盆景参加花卉展览会、交易会，能增强展览效果，促进产品销售。

2）摘叶、抹梢：生长季节中，摘去红檵木的成熟叶片及枝梢，经过正常管理 10 天左右即可再抽出嫩梢，长出鲜红的新叶。

3）择地栽培：选择阳光充足的环境栽培，或对配置在红檵木东南方向及上方的植物进行疏剪，让红檵木在充足阳光下健康生长，使花色、叶色更加艳丽，从而增强观赏性。

（2）整形

1）人工式的球形：红花檵木极耐修剪及盘扎整形，树形多采用人工式的球形。生长季节中，摘去红檵木的成熟叶片及枝梢，经过正常管理 10 天左右即可再抽出嫩梢，长出鲜红的新叶。

2）自然式丛生形：红檵木萌发力强、分枝性强，可自然长成丛生状。

3）单干圆头形：选一粗壮的枝条培养成主干，疏除其余枝条，当主干高达以上时定干，在其上选一健壮而直立向上的枝条为主干的延长枝，即作中心干培养，以后在中心干上选留向四周均匀配置的 4 ~ 5 个强健的主枝，枝条上下错落分布。

红花檵木常用于制作盆景，可制作单干式、双干式、枯干式、曲干式和丛林式等不同形式的盆景，树冠既可加工潇洒的自然形，也可加工成大小不一，错落有致的圆片造型。加工方法可用蟠扎、牵拉和修剪等手段。为使树干更加苍劲古朴，可用利刀对树干进行雕刻，其伤口很容易愈合。另外，也常做绿篱使用。

（3）种植方法

可用孤植、丛植、群植。

1）孤植：选株形高大丰满的植株孤植于重要位置或视线的集中点，如入口的附近，庭院或草坪中，独立成景，并注意与周围景观的强烈对比，以取得"万绿丛中一点红"的效果。可发挥景观的中心视点或引导视线的作用。

2）丛植：将红花檵木球和其他植物成丛地点缀于园林绿地中，既丰富了景观色彩，又活跃了园林气氛。如果与绿色树种丛植，均能起到锦上添花的作用，以红花继木球为主要树种成群成片地种植，构成风景林，独特的叶色和姿态一年四季都很美丽。其美化的效果要远远好于单纯的绿色风景林。

3）群植：色块、模纹花坛，用一年生红花檵木的小苗在绿地密植组成色块，可与金叶女贞、春花杜鹃、夏花杜鹃、金叶榆、金边黄杨等搭配，不仅能通过叶色反差形成色彩对比，而且花期也可错开。此类用途宜选用透骨红类品系。

a. 灌木球

将红花檵木修剪成球形，布置在绿带中。灌木球主要分毛球和精球两类：毛球主要为经过 1 ~ 3 年修剪造型而成，主要应用在管理稍粗放的大绿地中；精球至少要经过 3 年的修剪造型，主要应用在别墅庭院等精致园林中。此类用途宜选用透骨红类品系。

b. 色篱

用红花檵木密植成色篱起到围挡以及分隔空间的作用。苗木规格要根据色篱的具体用途来选定，如在绿地中可选用 70 ~ 80 厘米的色篱分隔空间，而高于 2 米的色篱多用在绿地外围起到绿色围墙的功能。

c. 大型色雕

将红花檵木定向培养或造型为动物、几何造型等绿色雕塑，作为园林小品安置在绿地中。此类用途宜选用透骨红类品系。

d. 桩景

利用双面红类红花檵木生长快、叶大、枝疏的特点，将其定向培养为大型桩景，用于高档园林的绿化中，也可作为花坛的焦点来布景。

e．小区的行道树

通过修枝控制，将红花檵木培养为彩叶小乔木，也可通过用白檵木嫁接的方法进行培养，多作为小区行道树使用。此类用途宜选用透骨红类品系。

3．主要价值

（1）观赏

红花檵木枝繁叶茂，姿态优美，耐修剪，耐蟠扎，可用于绿篱，也可用于制作树桩盆景，花开时节，满树红花，极为壮观。红花檵木为常绿植物，新叶鲜红色，不同株系成熟时叶色、花色各不相同，叶片大小也有不同，在园林应用中主要考虑叶色及叶的大小两方面因素带来的不同效果。

红花檵木是特产湖南的珍贵乡土彩叶观赏植物，生态适应性强，耐修剪，易造型，广泛用于色篱、模纹花坛、灌木球、彩叶小乔木、桩景造型、盆景等城市绿化美化。

（2）经济

中国红花檵木的产业化开发有 20 多年历史，湖南是中心产区。2004 年全省生产面积 3500 公顷，年产苗木 5 亿株，年销售额 6 亿元。经多年推广应用，2004 年中国红花继木生产面积达 6000 公顷，年产苗木 8 亿株，年销售额 9 亿元，产品销往 20 多个省市，出口日本、韩国、新加坡、美国、荷兰、英国、法国、德国、意大利，成为中国花卉业的特色产品之一。

红花檵木为金缕梅科檵木属檵木的变种，属常绿灌木或小乔木，特产湖南与江西交界罗霄山脉海拔 100 ～ 400 米常绿阔叶林地带，由已故著名林学家叶培忠教授于 1938 年春在长沙天心公园发现并命名。据考，其模式标本采集树是该公园于 1935 年春从浏阳大围山移植的野生植株。此树尚存，现树高 5 米，胸径 20 厘米，冠径 42m^2，树龄约 150 年。由于多年采挖，野生资源濒临灭绝，被列为湖南省重点保护植物。

红花檵木野生资源利用在湖南有 70 多年的历史。20 世纪 30 年代初，浏阳大围山一带农民采挖野生苗木销往长沙、湘潭、株洲等地，省内一些园林部门亦来浏阳采购野生苗木。1963 年长沙岳麓公园等单位用枝条高压法培育苗木获得成功；1978 年长沙烈士公园利用种子育苗获得成功，但实生苗遗传稳定性不强，有 15.8% 返祖，变为檵木，因此用种子育苗在生产中很少应用；1982 年长沙市苗圃用嫩梢枝条扦插育苗获得成功，由于扦插苗能保持母本的优良性状，一年内可多次扦插，能大批量繁殖，因此 80 年代以来，该技术在苗木生产中普遍应用。红花檵木苗木规模化生产始于浏阳永和镇，1983 年当地农民利用永和镇至大围山一带红花檵木野生资源丰富的优势，开始了较大规模扦插苗、移植苗、灌木球、盆景及古桩嫁接树等系列产品的生产，由此带动了全省红花檵木产业化的形成与发展。1999 年 10 月，中国特产之乡推荐暨宣传活动组织委员会授予浏阳市"中国红花檵木之乡"荣誉称号，极大提高了湖南红花檵木在国内外的知名度，红花檵木成为中国特色花卉品牌产品之一。

4. 生长习性

喜光，稍耐阴，但阴时叶色容易变绿。适应性强，耐旱。喜温暖，耐寒冷。萌芽力和发枝力强，耐修剪。耐瘠薄，但适宜在肥沃、湿润的微酸性土壤中生长。

图4-1-4　红花檵木

（五）金丝桃

金丝桃（拉丁学名：Hypericum monogynum L.），又叫狗胡花（安徽霍山），金线蝴蝶（四川南川，浙江乐清），过路黄（四川奉节），金丝海棠（山东崂山），金丝莲（陕西石泉）、土连翘，为藤黄科金丝桃属植物，半常绿小乔木或灌木：地上每生长季末枯萎，地下为多年生。小枝纤细且多分枝，叶纸质、无柄、对生、长椭圆形，花期6～7月。

集合成聚伞花序着生在枝顶，花色金黄，其呈束状纤细的雄蕊花丝也灿若金丝。金丝桃为温带树种，喜湿润半荫之地。因金丝桃不甚耐寒，北方地区应将植株种植于向阳处，并于秋末寒流到来之前在它的根部拥土，以保护植株的安全越冬。金丝桃也可作为盆景材料。花美丽，供观赏；果实及根供药用，果作连翘代用品，根能祛风、止咳、下乳、调经补血、并可治跌打损伤。

1. 形态特征

灌木，高0.5～1.3米，丛状或通常有疏生的开张枝条。茎红色，幼时具2（4）纵线棱及两侧压扁，很快为圆柱形；皮层橙褐色。叶对生，无柄或具短柄，柄长达1.5毫米；叶片倒披针形或椭圆形至长圆形，或较稀为披针形至卵状三角形或卵形，长2～11.2厘米，宽1～4.1厘米，先端锐尖至圆形，通常具细小尖突，基部楔形至圆形或上部者有时截形至心形，边缘平坦，坚纸质，上面绿色，下面淡绿但不呈灰白色，主侧脉4～6对，分枝，常与中脉分枝不分明，第三级脉网密集，不明显，腹腺体无，叶片腺体小而点状。

花序具1～15（～30）花，自茎端第1节生出，疏松的近伞房状，有时亦自茎端1～3节生出，稀有1～2对次生分枝；花梗长0.8～2.8（～5）厘米；苞片小，线状披针形，早落。花直径3～6.5厘米，星状；花蕾卵珠形，先端近锐尖至钝形。萼片宽或狭椭圆形或长圆形至披针形或倒披针形，先端锐尖至圆形，边缘全缘，中脉分明，细脉不明显，有或多或少的腺体，在基部的线形至条纹状，向顶端的点状。花瓣金黄色至柠檬黄色，无红晕，开张，三角状倒卵形，长 2 ~ 3.4 厘米，宽 1 ~ 2 厘米，长约为萼片的 2.5 ~ 4.5 倍，边缘全缘，无腺体，有侧生的小尖突，小尖突先端锐尖至圆形或消失。雄蕊 5 束，每束有雄蕊 25 ~ 35 枚，最长者长 1.8 ~ 3.2 厘米，与花瓣几等长，花药黄至暗橙色。子房卵珠形或卵珠状圆锥形至近球形，长 2.5 ~ 5 毫米，宽 2.5 ~ 3 毫米；花柱长 1.2 ~ 2 厘米，长约为子房的 3.5 ~ 5 倍，合生几达顶端然后向外弯或极偶有合生至全长之半；柱头小。

蒴果宽卵珠形或稀为卵珠状圆锥形至近球形，长 6 ~ 10 毫米，宽 4 ~ 7 毫米。种子深红褐色，圆柱形，长约 2 毫米，有狭的龙骨状突起，有浅的线状网纹至线状蜂窝纹。染色体 $2n=42$。花期 5 ~ 8 月，果期 8 ~ 9 月。

2. 栽培技术

金丝桃不论地栽或盆栽，管理都并不很费事。盆栽时用一般园土加一把豆饼或复合肥作基肥。春季萌发前对植株进行一次整剪，促其多萌发新梢和促使撞株更新。在花后，对残花及果要剪去，这样有利生长和观赏。生长季土壤要以湿润为主，但盆中不可积水，要做到不干不挠。春秋二季要让它多接受阳光，盛夏宜放置在半阴处，并要喷水降温增湿，不然就会出现叶尖焦枯现象。如每月能施 2 次粪肥或饼肥等液肥，则可生长得花多叶茂，即使在无花时节，观叶也十分具有美趣。

金丝桃的繁殖常用分株、扦插和播种法繁殖。分株在冬春季进行，较易成活，扦插用硬枝，宜在早春孵萌发探前进行，但可在 6 ~ 7 月取带踵的嫩枝扦插。播种则在 3 ~ 4 月进行，因其种子细小，播后宜稍加覆土，并盖草保湿，一般 20 天即可萌发，头年分栽 1 次，第二年就能开花。

（1）分株

宜于 2 ~ 3 月进行，极易成活，扦插多在梅雨季进行。用嫩枝作插条，插条最好带踵。插后当年可长到 20cm 左右，翌年可地栽，3 年可长到 70cm 左右则可定植。

（2）播种

宜在春季 3 月下旬至 4 月上旬进行。因种子细小，覆土宜薄，以不见种子为度，否则出苗困难。播后要保持湿润，3 周左右可以发芽，苗高 5 ~ 10cm 时可以分栽，翌年能开花。

（3）扦插

夏季用嫩枝带踵扦插效果最好，也可在早春或晚秋进行硬枝扦插。一般在梅雨季节行嫩枝扦插。将一年生粗壮的嫩枝剪成 10 ~ 15cm 长的插条，顶端留 2 片叶子，其余均应修剪掉。介质宜用清洁的细河沙或蛭石珍珠岩混合配制（1：1），然后插入苗床，扦插深度以插穗插入土中 1/2 为准。插后遮阴，保持湿润，第二年即可移栽。

3．主要价值

（1）观赏

金丝桃花叶秀丽，是南方庭院的常用观赏花木。可植于林荫树下，或者庭院角隅等。该植物的果实为常用的鲜切花材——"红豆"，常用于制作胸花、腕花。

园林绿化：金丝桃花叶秀丽，花冠如桃花，雄蕊金黄色，细长如金丝绚丽可爱。叶子很美丽，长江以南冬夏常青，是南方庭院中常见的观赏花木。植于庭院假山旁及路旁，或点缀草坪。华北多盆栽观赏，也可做切花材料。

金丝桃如将它配植于玉兰、桃花、海棠、丁香等春花树下，可延长景观；若种植于假山旁边，则柔条袅娜，亚枝旁出，花开烂漫，别饶奇趣。金丝桃也常作花径两侧的丛植，花时一片金黄，鲜明夺目，妍丽异常。

（2）药用

金丝桃是一种中草药，根茎叶花果均可入药，抗抑郁、镇静、抗菌消炎、创伤收敛，尤其是抗病毒作用突出，能抗 DNA、RNA 病毒，可用于艾滋病的治疗。以金丝桃提取的金丝桃素已经贵若黄金，应用于美容医疗。

【性味】凉；苦涩，温。

【归经】心；肝经。

【功能主治】清热解毒；散瘀止痛；祛风湿；主肝炎；肝脾肿大；急性咽喉炎；结膜炎；疮疖肿毒；蛇咬及蜂螫伤；跌打损伤；风寒性腰痛。

【用法用量】内服：煎汤，15 ~ 30g。外用：鲜根或鲜叶适量，捣敷。

【注意事项】该植物有小毒，在过量服用时可毒害人畜，奶牛误食后牛奶也会含有。

4．生长习性

生于山坡、路旁或灌丛中，沿海地区海拔 0 ~ 150 米，但在山地上升至 1500 米。

图4-1-5　金丝桃

（六）鸢尾

鸢尾（学名：Iris tectorum Maxim.）又名：蓝蝴蝶、紫蝴蝶、扁竹花等，属天门冬目，鸢尾科多年生草本，根状茎粗壮，直径约1cm，斜伸；叶长15～50cm，宽1.5～3.5cm，花蓝紫色，直径约10cm；蒴果长椭圆形或倒卵形，长4.5～6cm，直径2～2.5cm。原产于中国中部以及日本，主要分布在中国中南部。可供观赏，花香气淡雅，可以调制香水，其根状茎可作中药，全年可采，具有消炎作用。

1. 形态特征

植株基部围有老叶残留的膜质叶鞘及纤维。根状茎粗壮二歧分枝直径约1cm斜伸须根较细而短。叶基生黄绿色稍弯曲中部略宽宽剑形长15～50cm宽1.5～3.5cm顶端渐尖或短渐尖基部鞘状有数条不明显的纵脉。花茎光滑高20～40cm顶部常有1～2个短侧枝中、下部有1～2枚茎生叶苞片2～3枚绿色草质边缘膜质色淡披针形或长卵圆形长5～7.5cm宽2～2.5cm顶端渐尖或长渐尖内包含有1～2朵花。

花蓝紫色直径约10cm，花梗甚短，花被管细长长约3cm上端膨大成喇叭形。外花被裂片圆形或宽卵形长5～6cm，宽约4cm顶端微凹爪部狭楔形。中脉上有不规则的鸡冠状附属物，成不整齐的缝状裂。内花被裂片椭圆形，长4.5～5cm、宽约3cm。花盛开时向外平展爪部突然变细，雄蕊长约2.5cm。花药鲜黄色，花丝细长，白色花柱分枝扁平，淡蓝色长约3.5cm。顶端裂片近四方形，有疏齿子房纺锤状圆柱形，长1.8～2cm。

蒴果长椭圆形或倒卵形，长4.5～6cm，直径2～2.5cm，有6条明显的肋成熟时自上而下3瓣裂种子黑褐色梨形无附属物。花期4～5月，果期6～8月。

2. 栽培技术

春季开花花期三个月左右4～6月多采用分株、播种法。分株春季花后或秋季进行均可一般种植2～4年后分栽1次。

分割根茎时注意每块应具有2～3个不定芽。种子成熟后应立即播种实生苗需要2～3年才能开花。栽植距离45～60cm栽植深度7～8cm为宜。亦可以进行促成栽培。

（1）土壤要求

鸢尾，不但可以种于玻璃温室或塑料膜温室，而且在露地也可种植。户外种植，配合以临时覆盖物或使用活动房屋，特别是春、秋两季是可行的。

对于鸢尾切花的生产，实际上在任何类型的土壤中都可以进行。只要它排水良好，保湿性强且不板结者，否则会限制植株生长。土壤结构好是基本的条件，这对经常大量种植生长期短的鸢尾是非常必要的。

在重壤土中建议加入诸如泥炭、蛭石或粗沙与25cm左右深的土壤进行混合以对土壤进行改良。易板结的土壤种植后可在土壤表层覆盖一层诸如稻壳、稻草、松针、黑色泥炭或类似的材料来防止土壤板结。也可用此方法来防止土壤很快变干。

（2）温度控制

种植后土壤温度是最重要的因素，最低温为 5 ~ 8℃，最高温为 20℃。土温的高低直接影响到出苗率，土温过低会造成开花能力降低，故最适土温控制在 16 ~ 18℃之间。

温室内生产鸢尾最适温度为 15℃。为了缩短生长期，种植时可使用新采收的种球，前 4 ~ 3 周温室温度保持在 18℃，此温度可维持到 1 月 1 日，但会造成植株弱小。13℃或更低的温度会延长生长期，同时增加植株重量，但花朵枯萎的机率增加。

秋季植株生长时，特别在温带地区当光照不足时，温室温度必须下调以防止花朵枯萎。一般控制在 10 ~ 13℃尽量保证植株生长。如果在所有阶段叶片显得过多，那么考虑修剪掉部分叶片。

生产的日夜平均温度可在 20 ~ 23℃最低温度为 5℃。在高温和光线较弱的温室中缺少光照是造成花朵枯萎的主要原因。

在霜害经常发生的地区生产只能在温室中进行，其适合的生长温度应安排在夜间，因此不加热的温室应提早封闭，以尽可能使夜温适宜。白天则要提早通风，以避免出现温度升至 18℃以上而造成危害。遮阴也可以达到控温的目的，但合适的光照水平仍需保持。

露地生长的最适温度为 15 ~ 17℃，白天持续的高温可用遮阴网遮去。它不仅能减少直接的太阳辐射，而且还能提高温度。

（3）排水系统

为了使过多的水分应快速排除应配置功能良好的排水系统。这样也使用水对温室土壤进行淋洗成为可能。该处理可防止在种植喜肥作物或某种植阶段使用水分较少而引起盐分的积累问题。

（4）种植密度

种植密度依不同品种、球茎大小、种植期、种植地点的不同而不同。为使种植间距合适，通常采用每平方米有 64 个网格的种植网。

（5）施肥要点

一般来说，种植前施基肥的方法并不可取，这会提高土壤中盐分的浓度，而延缓鸢尾的根系生长。种植前对土壤的抽样调查，以确保土壤含有正确的营养成分。抽样一定要在对土壤处理和淋洗后进行，这样所缺的养分可通过以后直接给土壤中补充肥料来得到。鸢尾对氟元素敏感，因此含氟的肥料磷肥和三磷酸盐肥料禁止使用。反之，如二磷酸盐肥料则应使用。

（6）杂草控制

鸢尾的生长过程只需 8 ~ 12 周，在这么短的生长时间里如果对土壤进行过蒸、淹、犁等处理后，那么在植株生长过程中不必考虑除草问题。植株种植后主要使用化学除草剂来清除杂草。但施用时注意不能对植株造成伤害。

如果植株种植后地里开始生长杂草，那么只有在种球被埋得足够深的时候才可以施用除草剂。种球新萌生的幼芽至少在土壤以下 2 厘米处才不会受到除草剂的危害。

在植株展叶之前温室或露地中的小草，可通过喷施适宜的除草剂来控制其生长。如果普通除草剂不能有效地控制一些一年生的牧草杂草就应改用复合除草剂。施用的时候是在天快要黑的时候喷施在植株上，再喷足够的水，次日清晨从植株顶部彻底冲洗。由于除草剂有残留性一定要注意以下几点，每片地一年中施用的除草剂都要限量，以不超过2次为宜，只在十分必要时再使用除草剂，不要种植对除草剂敏感的品种。

（7）种球贮藏

种球贮藏的温度必须是30℃，用于切花生产的种球应马上种植。如果种球不能马上种植，在这段过渡期间里种球一定要在适宜的温度中贮藏。期间温度一定要符合种球生长的要求，一定要经常调温以保证种球的生长。使温度维持在2℃而且不要超过2～3周，这是最好的选择。高于2℃的贮温会延长处理期并对开花起副作用。将球茎小心地置于底部有空格的容器中。贮温在2℃并保证有良好的透气性。种球不适于长期贮藏，因为贮藏过久会对将来茎叶生长不利，而且也会增加根尖受到青霉菌感染的概率。

用于切花生产的鸢尾在种植期保证足够的水分供应是特别重要的。种植前几天的土壤要足够湿润，以确保早期根系快速而健康地生长，而且根系不易在种植时受到损伤。使用冷水浇灌尤其是在土壤温度较高时较为合适。土温高，种球生长过快使切花品质下降。种植应选择在土温较低处。此外还可以在夏季来临前，在地上铺盖一层隔热的覆盖材料阻止土壤受过多的太阳辐射。

3. 主要价值

（1）观赏价值

鸢尾叶片碧绿青翠、花形大而奇，宛若翩翩彩蝶，是庭园中的重要花卉之一，也是优美的盆花、切花和花坛用花。其花色丰富，花型奇特是花坛及庭院绿化的良好材料，也可用作地被植物，有些种类为优良的鲜切花材料。国外有用此花做成香水的习俗。

（2）药用价值

【性味特征】性寒味辛、苦。

【功能主治】活血、祛瘀、祛风、利湿、解毒、消积。用于跌打损伤，风湿疼痛，咽喉肿痛，食积腹胀，疟疾，外用治痈、疖，肿毒，外伤，出血。

4. 生长习性

（1）耐寒性较强按习性可分为3类

1）要求适度湿润排水良好富含腐殖质、略带碱性的黏性土壤；

2）生于沼泽土壤或浅水层中；

3）生于浅水中；

4）喜阳光充足气候凉爽耐寒力强亦耐半阴环境。

（2）园林上对根茎类鸢尾根据其生态习性分为4类

1）根茎粗壮、适应性强、喜光充足、喜肥沃、适度湿润、排水良好、含石灰质和微碱性土壤、耐旱性强。形态特征垂瓣中央有髯毛胡须状及斑纹。如德国鸢尾、香根鸢尾、银苞鸢尾、矮鸢尾。

2）喜水湿、微酸性土壤、耐半阴或喜半阴。适合水边栽植形态特征垂瓣中央有冠毛。如蝴蝶花、鸢尾。

3）喜光、水生挺水、水深5～10cm。适合浅水栽植形态特征垂瓣无毛。如溪荪、黄菖蒲、花菖蒲、燕子花。

4）生长强健、适应性强、既耐干旱又耐水湿两栖。适合做林下地被形态特征垂瓣无毛。如马蔺、拟鸢尾。

图4-1-6　鸢尾

结　语

　　发展地被植物，是维护生态平衡、保护环境卫生、美化城乡面貌、减少大气污染、防止水土流失的有效措施之一。在我国西部、北部的主要城市，多年来，每到风季，便尘土飞扬、黄沙满天，这是由于地被植物大面积受到破坏，是黄土地面裸露，水土流失严重造成的。在国外，一些工业发达的城市和人口集中的地区，除了重视一般的绿化植树外，还有一个重要特征，就是普遍种植地被植物。不论是路旁，河坡、湖边和空地，甚至高层建筑的屋顶、墙面，凡是可以栽植、覆盖植物的地方，都尽可能地披上绿装，点缀色彩，坚决消除一切裸露的土地，使城市空气清新、面貌整洁。在城市建设中，应首先考虑适宜人们生活和身心健康的环境。城市人口比较集中，应大力发展地面覆盖植物，这是当前经济建设中的百年、千年大计，也是城市绿化工作的重要环节。因此，在调查本地资源的基础上，重视这方面的技术培养与资金投入，建立较好的管理机构，是目前城市绿化建设的重要措施。

参考文献

[1] 周厚高主编；王斌摄影. 地被植物景观 [M]. 贵阳：贵州科技出版社，2006.04.

[2] 罗锵，秦琴. 园林植物栽培与养护第 3 版 [M]. 重庆：重庆大学出版社，2016.07.

[3] 任全进主编. 地被植物应用图鉴 [M]. 江苏凤凰科学技术出版社，2018.03.

[4]（英）阿克偌伊德著. 草坪与地被植物 [M]. 武汉：湖北科学技术出版社，2013.01.

[5] 刘秀杰主编. 园林植物栽培养护 [M]. 兰州：甘肃文化出版社，2016.02.

[6] 龚维红主编. 园林植物栽培与养护 [M]. 北京：中国建材工业出版社，2012.09.

[7] 赵燕主编. 草坪建植与养护 [M]. 北京：中国农业大学出版社，2007.08.

[8] 高祥斌主编. 园林绿地建植与养护 [M]. 重庆：重庆大学出版社，2014.01.

[9] 丁世民主编. 园林绿地养护技术 [M]. 北京：中国农业大学出版社，2009.04.

[10] 胡中华，刘师汉编著. 草坪与地被植物 [M]. 北京：中国林业出版社，1995.05.

[11] 郑芳，张志录主编. 观赏植物栽培养护 [M]. 沈阳：辽宁大学出版社，2007.09.

[12] 赵美琦等主编. 草坪养护技术 [M]. 北京：中国林业出版社，2001.

[13] 周寿荣主编. 现代草坪建设与养护管理 [M]. 成都：四川科学技术出版社，2008.01.

[14] 谭继清著. 草坪与地被栽培技术 [M]. 北京：科学技术文献出版社，2000.06.

[15] 李小龙主编. 园林绿地施工与养护 [M]. 北京：中国劳动社会保障出版社，2004.04.

[16] 陈会勤主编. 观赏植物学 [M]. 北京：中国农业大学出版社，2011.05.